AF474208

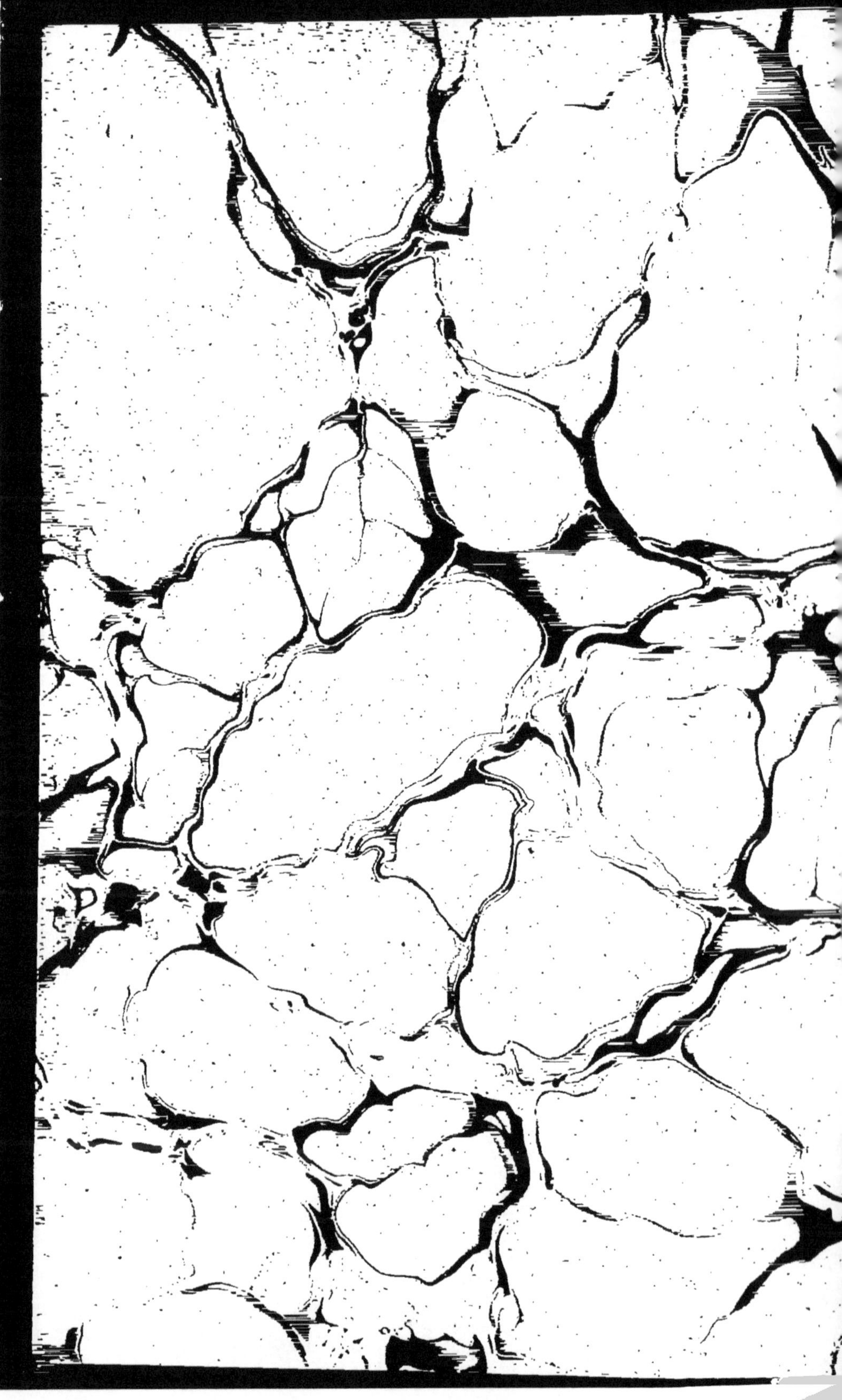

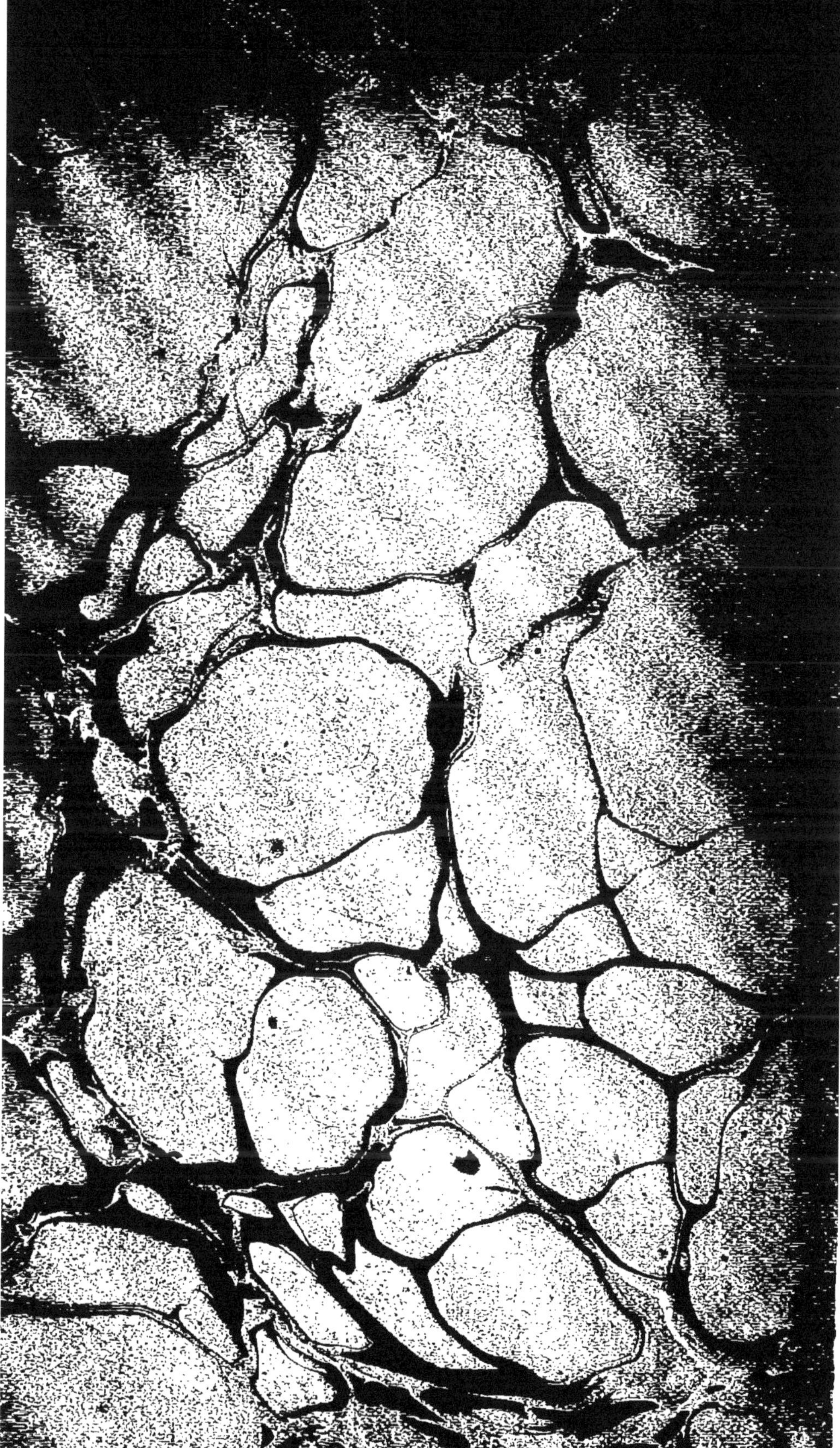

ESPAGNE

GUIDE DU VOYAGEUR

DANS LA PROVINCE BASQUE-ESPAGNOLE

DU

GUIPUZCOA

PRÉCÉDÉ D'UNE

ÉTUDE SUR L'ORIGINE DES BASQUES

AVEC CARTE DÉTAILLÉE

ET VOCABULAIRE FRANCO-CASTILLAN-BASQUE

PAR

M. L. CAPISTOU.

Irun. — Fontarabie. — Passages. — *Saint-Sébastien.*
Hernani. — *Tolosa.* — Zaraus. — Guetaria.
Azpeitia. — Zumaya. — Deva. — Motrico. — Azcoitia.
Elgoibar. — Eibar. — *Vergara.* — Zumarraga.
Oñate. — Mondragon. — Etc., etc.

PREMIÈRE ÉDITION

PRIX : 3 FRANCS

BAYONNE

IMPRIMERIE A. LAMAIGNÈRE, RUE CHEGARAY, 39.

GUIDE DU VOYAGEUR

DANS LA PROVINCE BASQUE

DU

GUIPUZCOA.

GOLFO DE VISCAYA
SAN SEBASTIAN
FRANCE
VISCAYA
GUIPÚZCOA
TOLOSA
BAYONNE
Biarritz
Bidart
Guetary
S. Juan de Luz
Hendaya
Irun
Fuenterrabia
Pasages
Renteria
Oyarzun
Vera
Hernani
Andoain
Villabona
Igueldo
Orio
Zarauz
Guetaria
Zumaya
Deva
Motrico
Ondarroa
Lequeytio
Guernica
Marquina
Durango
Elgoibar
Eybar
Placencia
Vergara
Mondragon
Oñate
Salinas
Azcoitia
Azpeitia
Cestona
Villarreal
Zumarraga
Legazpia
Beasain
Segura
Cegama
Alegria
Ibarra
Berastegui
Lazcano
Ataun
Lecumberri
Lalasa
CARTE
du
GUIPÚZCOA
Guide du voyageur
par
M.L. CAPISTOU
L. Duras y Cia San Sebastian

GUIDE DU VOYAGEUR

DANS LA PROVINCE BASQUE

DU

GUIPUZCOA

(Espagne)

AVEC CARTE & VOCABULAIRE FRANCO-BASQUE

PAR

M. L. CAPISTOU.

BAYONNE

IMPRIMERIE LAMAIGNÈRE, RUE CHEGARAY, 39.

1877

AVANT-PROPOS.

En écrivant ce *Guide*, je n'ai eu qu'un but : *être utile*.

Le public me pardonnera, en faveur de l'intention, les fautes ou les erreurs que j'ai pu commettre.

Ce travail n'est, du reste, qu'une compilation succincte ; et, en le déclarant, je m'empresse de payer un juste tribut aux auteurs basques anciens, ainsi qu'aux modernes, MM. Soraluce (Nicolas) et Manterola (José), dans les œuvres desquels j'ai fait de fréquents emprunts.

L. CAPISTOU.

Saint-Sébastien, le 1er Juillet 1877.

Résumé Historique Préliminaire.

CHAPITRE Ier

De l'Origine des Basques.

A défaut de données positives, l'opinion généralement admise par tous ceux qui se sont livrés à des recherches sur l'histoire du peuple Basque, est que ce peuple vint des régions asiatiques, à la suite des Ibères, ou peut-être en même temps qu'eux, pour s'établir au Sud des Pyrénées.

On croit qu'après l'invasion des Celtes, qui enlevèrent aux Ibères la domination des contrées les plus fertiles de la péninsule, les Basques furent refoulés dans les montagnes avoisinant l'Océan, où ils se défendirent longtemps contre les attaques des peuples nomades venant du Nord de l'Europe. On croit également que les Ibères, vaincus par les Celtes, finirent par s'allier à eux, et formèrent ainsi la race celtibère, qui durant plusieurs siècles habita le pays compris entre la chaîne des Pyrénées et la mer Méditerranée. Les Basques seuls semblent avoir conservé, dans les montagnes où ils s'étaient réfugiés, toute la pureté de leur race primitive. Ayant résisté à toute sorte d'empiétements, ils représentent aujourd'hui, malgré la marche et la transformation des siècles, une sorte de témoignage vivant de l'existence d'une race vigoureuse et antique sur le vieux sol de l'Ibérie.

Les Celtibères vivaient depuis déjà plusieurs siècles dans la péninsule, lorsque, attirés sans doute par leur instinct commercial, les Phéniciens, longeant les côtes de l'Italie et de la Gaule, vinrent fonder des comptoirs à Marseille, à Rosas, à Sagonte et aussi à Cadix, de l'autre côté des colonnes d'Hercule. Les Celtibères firent d'abord assez mauvais accueil aux nouveaux venus ; mais, subjugués par leurs présents et surtout par l'apparat du luxe asiatique, ils se laissèrent aller aux trafics et aux échanges, éveillant la convoitise des Phéniciens par l'abondance des ressources naturelles de leur sol, dont ils dévoilèrent peu à peu l'existence.

Avec les Phéniciens arrivèrent les Grecs, puis enfin les Egyptiens et les Carthaginois. Ces derniers, non contents d'enlever aux Celtibères leurs principales richesses, entreprirent la conquête de leur territoire. Les guerres qui s'ensuivirent, dans lesquelles se révélèrent les principaux généraux de la grande République africaine, sont du domaine de l'histoire. Asdrubal, Amilcar, Annibal et autres chefs carthaginois s'y rendirent célèbres par leurs victoires et par leurs exactions.

Comme ennemie naturelle de Carthage, Rome offrit son appui aux habitants de l'Hispanie, mais elle ne put empêcher la chute de Sagonte, ni arrêter à temps le triomphe des Carthaginois. Cependant, la réussite de ses armes durant la troisième guerre punique lui permit de jeter ensuite ses légions dans la Péninsule et d'essayer de la soumettre à sa domination alors toute puissante.

Durant près de deux siècles, il y eut de longues et sanglantes luttes entre les conquérants du monde et ceux qu'ils voulaient courber sous leur joug. Les Celtibères s'unirent pour la résistance aux Cantabres et aux Vascons. Indivil,

Mandonio, Viriathe, Sertorius, opposèrent aux généraux de Rome une ténacité patriotique qui paralysa longtemps leurs efforts.

Les Basques ont fait partie de cette célèbre ligue cantabrique qui fut tour à tour l'alliée et l'ennemie de Rome, mais ne lui fut jamais soumise. C'est d'alors qu'ils datent dans l'histoire d'une manière indiscutable, car Silius Italicus, Polybe et Florus, constatent leur existence et leur indépendance en même temps.

Les Romains conclurent avec les Basques un traité d'alliance ; n'ayant pu les vaincre, ils s'en firent des amis. Le célèbre *Chant de Lelo,* document dont l'authenticité historique a été admise par tous les auteurs basques, parle de la guerre acharnée que Rome fit aux Basques et aussi du traité de paix qui s'ensuivit. Ce chant, dont le manuscrit fut découvert en Biscaye par Humboldt en 1800, est composé de seize strophes, dont voici à peu près la traduction littérale :

Chant de Lelo.

1° Lelo est mort ! Lelo est mort ! Zara (chef romain) est celui qui l'a tué.

2° Les Romains veulent conquérir la Biscaye, et pour cela la Biscaye se lève et fait entendre le chant de guerre.

3° Octavien est le seigneur du monde et Lekobidi est le seigneur de la Biscaye.

4° Du côté de la mer et du côté de la terre, Octavien nous attaque avec des gens de guerre.

5° Les plaines sont à eux, mais nous avons les montagnes et les cavernes.

6° Quand nous sommes dans un lieu propice, nous le défendons avec courage.

7° Nous ne les craignons pas à armes égales, bien que nous manquions du pain nécessaire.

8° Ils vont couverts de dures cuirasses, mais malgré cela nous les atteignons avec nos lances.

9° Cinq ans de guerre, jour et nuit, sans le moindre repos, nous avons soutenu.

10° Pour un des nôtres qui tombe, cinq dizaines *(bost amarren)* d'entr'eux sont détruits.

11° Ils sont nombreux et nous très-peu. A la fin un *convenio* nous donne la paix à tous.

12° Dans nos montagnes, comme dans leur pays, nous serons tous amis.

13° On ne peut rien plus.....................

....

14° L'île du Tibre est déjà un champ de paix ou le *Grand Uchain* a vaincu loyalement (1).

15° On pourra l'élire....... ....

....

16° Les grands chênes meurent à la fin, sans cesse rongés par le pic.

Pendant les premiers siècles de l'ère chrétienne, les Basques, alliés des Romains, aidèrent ces derniers dans les guerres dont la Gaule fut le théâtre ; mais ils durent eux aussi se retirer dans leurs montagnes, devant le flot des barbares qui, venant du Nord, envahissaient l'empire des Césars. Là, comme derrière un rempart infranchissable, ils luttèrent successivement contre les Vandales, contre les Suèves et contre les Aquitains qu'ils réussirent à contenir. Plus tard, les Basques eurent aussi des démêlés avec les Goths et furent vaincus par eux dans les plaines de la Navarre, où ils étaient descendus, et contraints de regagner leurs montagnes, où Sisebuth n'osa pas les poursuivre.

(1) Allusion à un combat singulier qui eut lieu à Rome entre cent Basques et cent Romains et dans lequel ces derniers furent défaits. Un combat semblable avait eu lieu auparavant entre le même nombre d'individus, à Regil (Guipuzcoa), au pied du mont Hernio ; là aussi les Basques avaient obtenu la victoire.

Bref, comme l'a dit Oyhenart, « les Vascons « ou Basques, qui avaient conservé leur entière « indépendance sous les Romains, la conservè- « rent également contre les tentatives d'asser- « vissement des Suèves, des Goths et autres « barbares. »

Les Maures, qui conquirent l'empire gothique, ne purent jamais pénétrer dans le pays Basque. Ils occupèrent Pampelune, mais ils ne tentèrent pas la difficile entreprise de pousser plus avant vers les rochers escarpés de l'Alava et du Guipuzcoa.

Ennemis de tous les peuples qu'ils voyaient s'établir dans leur voisinage, les Basques firent aux Francs une guerre acharnée sous les rois Childebert et Clotaire. Ils se firent même agresseurs à leur tour et pénétrèrent dans l'Aquitaine, où ils détruisirent quelques villes. Thierry et Théodebert réussirent cependant à les refouler vers les Pyrénées et à leur reprendre le Béarn, où ils s'étaient solidement établis.

Durant les guerres des Francs contre les Maures, les Basques, convertis au christianisme depuis leur contact avec les Goths, saisirent toutes les occasions pour combattre l'islamisme.

Aussitôt que les Sarrasins eurent pénétré dans l'Aquitaine en franchissant les Pyrénées, les Basques les suivirent de flanc jusque près de Bordeaux ; comme eux ils franchirent la Gironde et arrivèrent sur leur derrière, pendant la mémorable bataille de Poitiers, portant le désordre dans leur camp, incendiant leurs chariots et contribuant ainsi d'une manière puissante à la victoire des chrétiens (732. Charles-Martel. — *Histoire de France,* Mary-Lafon).

Deux ans plus tard, les Basques taillèrent en pièces, dans les défilés des Pyrénées, toute une armée de Sarrasins, commandée par Abder-Ahmet, qui essayait de pénétrer en Aquitaine pour venger le désastre de Poitiers.

Mais les Francs ne vécurent pas longtemps en bonne intelligence avec leurs alliés. Lorsqu'ils pénétrèrent en Espagne, sous la conduite de Charlemagne, ils commirent sans doute quelques actes injustes, dont les Basques leur gardèrent rancune ; car, au retour de l'armée impériale, ils tendirent une embûche à son arrière-garde, commandée par Roland, dans la vallée de Roncevaux, et la détruisirent presque toute, faisant rouler sur elle des blocs énormes de rochers détachés de la montagne (798; 778, d'après les auteurs espagnols).

Le chant d'Altabiçar (ou Altabizcar), célèbre cette épopée des Basques, qui ne fut en somme qu'une trahison, dont Charlemagne tira vengeance peu de temps après en faisant pendre les principaux chefs basques et leur duc ou seigneur, Loup II.

Voici, traduit de l'euskara, le chant des Basques, tel qu'il a été consigné dans un manuscrit découvert à la fin du siècle dernier, dans un couvent de St-Sébastien, par le savant La Tour-d'Auvergne, qui fut surnommé plus tard *le premier grenadier de France.*

Chant d'Altabizcar (1).

« Un cri est sorti du sein des montagnes basques ; et le chevalier-noble, debout sur le seuil de sa porte, écoute attentivement et dit : Qui est là ? Que veulent-ils ? Et le chien qui dormait à ses pieds fait retentir ses aboiements dans les environs d'Altabizcar. »

(1) Montagne située à gauche du val de Roncevaux en suivant le cours de la petite Nive.

« Un grand bruit retentit vers le col d'Ibañeta, et s'approche de roche en roche, à droite et à gauche : c'est le bruit d'une armée qui s'avance. Les nôtres y ont répondu du haut des montagnes ; ils ont sonné leurs cornes de bœuf et les chevaliers-nobles aiguisent leurs flèches. »

« Qu'ils viennent ! qu'ils viennent ! Oh ! quel bois de lances ! quelles bannières de couleurs diverses ondulant au milieu ! Comme leurs armes brillent ! Combien sont-ils ? Garçon, compte-les bien : — Un, deux, trois, quatre, cinq, six, sept, huit, neuf, dix, onze, douze, treize, quatorze, quinze, seize, dix-sept, dix-huit, dix-neuf, vingt. »

« Vingt, il y en a des milliers encore ! Ce serait temps perdu de les compter. Unissons nos bras vigoureux ; soulevons ces roches ; lançons-les du haut de la montagne jusque sur leurs têtes ; écrasons-les, tuons-les. »

« Qu'avaient-ils à faire dans nos montagnes, ces fils du Nord ? Pourquoi sont-ils venus troubler notre repos ? Lorsque Dieu fit les montagnes, ce fut pour que les hommes ne pussent les franchir. Mais les roches roulent et les écrasent, le sang coule à ruisseaux, les chairs palpitent. Que d'ossements moulus ! quelle mer de sang ! »

« Fuyez ! Fuyez ! ceux qui encore conservent des forces et des chevaux. Fuis Charlemagne, avec tes plumes noires et ton rouge manteau. Ton neveu, ton plus vaillant, ton cher Roland, est étendu mort là, en bas. Sa bravoure ne lui a servi de rien. Et maintenant, Basques, laissez les rochers ; descendons bien vite lancer des flèches aux fugitifs. »

« Ils fuient ! Ils fuient ! Qu'est devenue cette forêt de lances ? Où sont les bannières de tant de couleurs qui ondoyaient au milieu ? Déjà leurs armes tachées de leur propre sang ne resplendissent plus. Combien sont-ils ? Garçon, compte-les bien : — Vingt, dix-neuf, dix-huit, dix-sept, seize, quinze, quatorze, treize, douze, onze, dix, neuf, huit, sept, six, cinq, quatre, trois, deux, un. »

« Un ! — Ni même un seulement ! Ils sont finis. Chevalier-noble, tu peux te retirer avec ton chien, pour embrasser ton épouse et tes fils, et nettoyer tes flèches et les enfermer, ainsi que ta corne de bœuf, et ensuite te coucher et dormir sur elles. Dans la nuit, les aigles viendront dévorer ces chairs écrasées, et tous ces os blanchiront éternellement. »

Après le désastre de Roncevaux et les justes représailles de Charlemagne, la lutte se continua pendant une large période, entre les Basques et les Francs. Louis-le-Débonnaire et Charles-le-Chauve durent organiser des armées et venir jusqu'aux Pyrénées pour châtier leurs ennemis.

C'est vers cette époque que l'œuvre de la *Reconquista* fut entreprise par les Espagnols sur les Arabes, et naturellement les Basques y prirent une part des plus actives. Leur histoire, jusque-là très-confuse, devint dès lors plus précise ; ils s'allièrent conditionnellement et volontairement aux rois de Castille et rentrèrent ainsi dans la nationalité espagnole, sans cependant s'y identifier.

CHAPITRE II

De l'antiquité des institutions forales basques. — Leur affirmation par les monarques espagnols.

Sur la terre espagnole, les institutions s'établissent avec beaucoup de lenteur, mais elles enfoncent toujours profondément leurs racines, et elles résistent, plus que partout ailleurs, aux transformations et aux orages révolutionnaires.

Il faudrait remonter bien haut dans l'histoire des peuples, pour trouver une date quelconque, même approximative, fixant l'origine des institutions basques. Il est même probable que toutes les recherches sur ce point seraient faites en vain.

Les auteurs romains ont parlé des Basques, cité et vanté leur courage dans les combats, leur grand amour de l'indépendance, mais ils n'ont rien écrit qui puisse porter la moindre lueur sur l'obscurité qui enveloppe l'histoire des antiques coutumes de ce peuple.

Nous avons dit, au chapitre précédent, que bien avant la venue des Phéniciens en Hispanie, bien avant la demi-conquête de ce pays par les Carthaginois, les Basques étaient établis dans le territoire situé entre la chaîne des Pyrénées et l'Océan. Lorsque Rome étendit sa domination sur la péninsule, après avoir vaincu les Carthaginois, ses proconsuls tentèrent inutilement de soumettre les Basques et de les courber sous leur despotisme. Les hardis et vaillants montagnards défendirent énergiquement leur indépendance, couvrirent les défilés de leurs frontières et s'opposèrent par la force à l'envahissement qui les menaçait.

Plus tard, ils traitèrent avec eux d'égal à égal, de puissance à puissance, et permirent aux dominateurs du monde l'exploitation des riches mines de fer et de cuivre dont ils étaient les maîtres.

Lorsqu'à leur tour les Romains durent céder les Gaules et l'Hispanie à la domination des peuplades venant de Germanie ; lorsque l'avalanche des Alains, des Suèves, des Vandales eut roulé du Nord au Midi, balayant tout sur son passage, le seul point de la péninsule qui ne tomba pas au pouvoir des barbares fut le pays Cantabre, habité en partie par les Basques.

Aux Alains et aux Suèves succédèrent les Visigoths, que Théodoric trouvait mal à l'aise dans les plaines de l'Aquitaine. Les Vandales avaient déjà quitté l'Andalousie pour aller s'établir sur le sol africain.

Après les Visigoths vinrent les Goths, qui, plus familiarisés avec la civilisation romaine, cherchèrent par des alliances avec les vaincus à constituer une puissance. Ils y réussirent, puisque leur empire s'établit pendant la durée de plusieurs siècles dans la péninsule qu'ils gratifièrent de lois sages et équitables, dont les traces se retrouvent encore aujourd'hui dans l'administration locale des provinces. L'histoire dit que Récared embrassa en 589 la religion catholique et attira dans l'Hispanie les ministres du Christ. En peu de temps, les hommes du Nord se confondirent avec les restes des anciennes familles romaines et ne formèrent plus qu'un seul peuple.

La loi gothique rendant la couronne élective, il s'ensuivit des intrigues et des insurrections qui préjudicièrent considérablement au maintien du prestige monarchique. Les fils de Witiza, supplantés par Roderic, allumèrent la guerre civile et appelèrent les Arabes à leur secours.

La bataille de Calpé, puis celle de Guadalete, dans laquelle Roderic perdit la vie, mirent fin à la domination des Goths et ouvrirent aux Arabes l'intérieur de la péninsule. En moins d'un an, tout le pays fut courbé sous le joug musulman.

C'est alors qu'on vit se former dans les montagnes de la chaîne cantabrique et dans les Asturies un petit peuple chrétien, avec les débris de la monarchie gothique. Pélage fut son premier chef.

Attaqués dans leurs montagnes par les musulmans, les vaillants soldats de Pélage déployèrent une héroïque résistance et détruisirent, dans la célèbre bataille d'Ausaba, la nombreuse armée des califes. Après ce glorieux fait d'armes se fonda le royaume des Asturies, qui peu à peu s'agrandit des territoires de Leon et de Galice. Les comtes de Castille, vassaux du roi de Leon, érigèrent ensuite leur comté en royaume, vers le milieu du onzième siècle.

Ferdinand Ier, élu roi de Castille en 1033, joignit à sa couronne celle des Asturies et de Leon après son mariage avec Doña Sancha.

Les *fueros* espagnols datent de cette époque ; ils furent une sorte de contrat solidaire par lequel les vassaux des couronnes de Leon et Castille, qui allaient former le royaume de Castille, s'obligeaient à la fidélité envers le roi, tandis que celui-ci, de son côté, s'engageait à respecter leurs *fueros* ou franchises particulières (Concile national de Coyanza, 1050).

Sur toute l'Europe féodale allait passer un souffle de liberté et d'indépendance. L'Allemagne se dégageait du pouvoir clérical ; l'Italie fondait ses opulentes républiques ; l'Angleterre arrachait à Jean-sans-Terre la Grande Charte, qui fut la base de ses libertés ; les communes françaises s'étaient affranchies sous le règne de Louis VI.

En Espagne, le peuple n'avait pas eu besoin de conquérir ses franchises. Les *behetrias* (communes), qui avaient vécu sous la législation léguée par les Romains et les Goths, étaient parfaitement libres ; aussi les rois de Castille n'eurent-ils pas à leur donner des chartes d'affranchissement, mais seulement des *cartas forales* qui sanctionnaient, purement et simplement, des droits établis et imprescriptibles.

Les trois provinces basques, séparées du reste de la péninsule par les mœurs et le langage autant que par des barrières naturelles, devinrent néanmoins, par une succession de circonstances, les alliées des rois de Castille et d'Aragon. Au treizième siècle (1204), l'une d'elles (Guipuzcoa) prêta volontairement son puissant concours à Alphonse VIII et accepta sa suzeraineté lorsque ce monarque pénétra en Gascogne pour revendiquer les droits de son épouse, la fille de Henri II d'Angleterre.

Elle fournit ensuite, à Ferdinand III et à Jacques Ier d'Aragon, les volontaires qui servirent avec éclat dans la guerre contre les Maures.

Elle participa, dans la mesure de ses forces, et volontairement, sans y être contrainte, à tous les frais de guerre, ne demandant en échange de ses sacrifices qu'un protectorat très-limité contre les invasions fréquentes des Navarrais et des Francs.

L'Alava s'unit, le 2 avril 1332, à la couronne de Castille par un pacte solennel qui est encore dans les archives de la députation de Vitoria et qui porte la signature du roi Alphonse XI.

La Biscaye en fit de même en 1390 et accepta

pour seigneur Jean Ier, qui reconnut et jura ses *fueros*.

Depuis, les transformations politiques dans la péninsule ont peu à peu détruit les priviléges concédés par les rois de Castille, au profit des provinces qui avaient fait partie intégrante des anciens royaumes des Asturies, de Leon, de l'Aragon et du Principat de Catalogne.

Jusqu'à l'avénement des princes autrichiens, on vit les institutions nationales de l'Espagne dominer complétement la royauté, mais sans rien lui ôter de son prestige et de sa puissance, vivant à côté d'elle, la soutenant dans sa faiblesse et la modérant dans ses excès ....

....

Ce fut Charles-Quint, fils de Philippe d'Autriche et de Jeanne-la-Folle, qui le premier osa empiéter sur les libertés espagnoles au profit de la couronne.

Son premier acte, avant même d'être proclamé roi par les Cortès réunies à Valladolid (1518), fut un outrage à la loi fondamentale du pays. Au lieu de se rendre en personne pour recevoir l'investiture, il envoya deux commissaires chargés de recueillir les hommages des députés municipaux. Ceux-ci refusèrent alors l'investiture et firent déclarer au roi que son serment devait précéder leurs hommages. C'est un député de Burgos, le docteur Zumel, qui rédigea et porta la protestation des députés au monarque.

Charles-Quint abaissa son orgueil au niveau de la nécessité et se rendit à Valladolid, où il jura tout ce qu'on voulut lui faire jurer. Il accepta toutes les formules et se laissa dire, sans en être ému, cette phrase humiliante prononcée par le président des Cortès : « *Rappe-*
« *lez-vous, seigneur, qu'un roi est le mercenaire*
« *de ses sujets.* »

Mais aussitôt qu'il eut centralisé en ses mains tous les pouvoirs, lorsqu'il eut obtenu des électeurs de Francfort le titre d'empereur d'Allemagne, son premier soin fut de violer ses serments et de disposer de la nation selon sa fantaisie et ses caprices.

Il s'y prit tout d'abord d'une manière détournée, puis ouvertement il froissa les sentiments de son peuple et brisa de son épée les liens qui l'attachaient aux lois du pays.

La révolte des *comuneros*, la mort de

Padilla, leur chef, mirent fin aux *fueros* de Castille (1521).

Philippe II, digne fils de Charles-Quint, prit le prétexte de la fuite d'Antonio Perez en Aragon et du protectorat qui lui était accordé par le grand-justicier Jean Lanuza, pour suspendre les *fueros* de cette province. Une foule de patriotes, qui se rangèrent sous les ordres de Lanuza pour la défense des libertés de l'Aragon, périrent comme lui dans les flammes en 1592.

Depuis, les *fueros* n'existèrent plus que de nom dans toute l'Espagne, excepté dans les trois provinces basques et en Navarre où, malgré le despotisme du pouvoir, ils se maintinrent intacts au travers de mille vicissitudes.

Ces mêmes monarques, qui dépouillaient si effrontément la Castille et l'Aragon de leurs franchises séculaires, n'osèrent jamais porter atteinte aux franchises des Vasco-Navarrais. Bien au contraire, il résulte de documents existant dans les archives provinciales, que tous les monarques espagnols, sans en excepter un seul, sanctionnèrent et confirmèrent les *fueros* des provinces basques et de l'ex-royaume de Navarre.

Cependant, dans les moments de trouble et d'anarchie, les *fueros* durent être momentanément suspendus par le pouvoir central. Ainsi, les rois catholiques les suspendirent en 1487 ; Charles-Quint en fit autant en 1520, pendant la révolte des *comuneros*.

Mais ces suspensions, de courte durée, furent seulement motivées par des causes étrangères aux provinces.

Jean Ier confirma les *fueros* basques à Burgos en 1379 (18 septembre).

Henri III les confirma en 1397 (6 juillet).

Jean II en fit autant en 1453 (23 avril).

Henri IV étendit les pouvoirs des *procuradores* basques et sanctionna les *fueros* en 1457 (30 mars), et en 1463 (13 juin).

Isabelle Ire et Ferdinand V approuvèrent les juntes du camp de Basarte et confirmèrent les *fueros* en 1484.

Philippe-le-Beau, dont le règne fut si court, eut cependant l'occasion de confirmer les *fueros,* ainsi que le prouvent les *compilaciones* (Salamanca 1506).

Jeanne-la-Folle, son épouse, fit plus : elle donna aux Basques, particulièrement aux Guipuzcoanos, des témoignages de gratitude à l'occasion de leur intervention dans la guerre avec la France (bataille de Velate, 1512).

Charles Ier (V d'Allemagne), régla définitivement les attributions des représentants des provinces basques et de Navarre et jura les *fueros* de ces provinces (1521, 21 mars, à Bormacia).

Philippe II, après la suppression des *fueros* d'Aragon, déclara respectables ceux de Navarre et des provinces basques (1558).

Philippe III, Philippe IV et Charles II firent imprimer et publier dans les *compilaciones,* les lois, *fueros* et *usaticos* des provinces basques (1598, 1700).

Philippe V et ses successeurs Ferdinand VI, Charles III et Charles IV, dans le courant du XVIIIe siècle, suivirent à l'égard des provinces basques et de la Navarre la même conduite que leurs prédécesseurs. 1702 (30 mars), 1752 (8 octobre), 1761, 1789.

Enfin, jusqu'aux guerres de la République française, jusqu'à l'envahissement du sol espagnol par les armées de Napoléon Ier, les provinces basques et la Navarre ont vu se confirmer leurs *fueros* à chaque changement de dynastie. Toutes les monarchies qui se sont succédées en Espagne ont respecté scrupuleusement les *droits* que ces provinces s'étaient réservés lorsqu'elles s'incorporèrent volontairement à la couronne de Castille.

Ainsi donc, d'après l'histoire, les *fueros* ne sont et n'ont jamais été un privilége accordé par la monarchie espagnole aux provinces qui, aujourd'hui encore, vivent à l'abri de ces institutions. Les *fueros* furent et sont restés le contrat synallagmatique par lequel les provinces se lièrent vis-à-vis des rois de Castille, en échange d'un protectorat que ceux-ci avaient tant d'intérêt à leur accorder.

CHAPITRE III

Les institutions forales ont-elles causé les guerres civiles carlistes ? — Incidents de la dernière guerre.

Il est indéniable que la lutte des partis politiques est presque toujours étrangère à la manière d'être et aux institutions du pays où elle s'engage. L'ambition et l'orgueil suffisent largement pour encourager les folles entreprises, et ceux qui les tentent ne prennent certainement pas en considération les lois à l'abri desquelles ils les conçoivent.

Les *fueros,* disent les anti-fuéristes, ont été l'unique cause de la guerre. Une telle assertion est aussi absurde qu'elle est injuste. Si les *fueros* ont été la cause de la guerre carliste, comment expliquerait-on qu'en Catalogne, en Aragon, dans l'Estramadure, dans l'ex-royaume de Valence et dans d'autres parties de l'Espagne où il n'y a plus de *fueros*, le carlisme se soit maintenu en armes pendant des années ?

Les *fueros* n'ont pu être la cause de la guerre civile et il suffit de se remémorer les faits les plus saillants, les actes politiques les plus importants du carlisme pour s'en convaincre.

La guerre carliste s'est finalement localisée dans les provinces basques et en Navarre, non parce qu'elle était favorisée par les institutions de cette partie de l'Espagne, mais à cause de la position topographique du pays.

Lorsque en août 1869 D. Carlos écrivait à D. Ramon Cabrera pour lui confier ses projets, le prétendant ne disait-il pas : « J'espère que « dans la Catalogne une levée en armes pro- « duira les plus grands résultats. »

La création de juntes centrales carlistes à Murcie, à Séville, à Valence, à Barcelonne et à Madrid, l'organisation des bandes dans le Maestrazgo, dans le Priorato, dans la Cerdagne, avant même qu'elles aient paru en Navarre et dans les provinces basques ; la ténacité avec laquelle ces bandes tinrent campagne contre les premières colonnes libérales qu'on envoya pour les combattre ; toutes les tentatives de soulèvement du Midi et de l'Est de la péninsule, est-ce donc à l'influence des *fueros* vasco-navarrais qu'on doit les attribuer ?

Même après Oroquieta, c'est-à-dire après la

première période de la guerre civile qui s'était terminée par le *convenio* d'Amorovieta, le carlisme restait en armes dans la province de Gerone (Catalogne), alors que tous ses partisans vasco-navarrais avaient déjà déposé les leurs. Le *cabecilla* Fransech prenait Reuss de vive force le 25 mai 1872, vingt jours après Oroquieta ; Miret entrait à Ruidaranas ; Savalls tenait la montagne entre Puycerda et Olot.

Les *fueros* vasco-navarrais soutenaient-ils ainsi le carlisme en Catalogne ?

A Madrid, on ne faisait à cette époque que de la haute politique : les ministres du roi Amédée lui conseillèrent un voyage dans le Nord afin, disaient-ils, d'acquérir les sympathies de son peuple, et la *Gaceta* affirmait que le carlisme était bien fini, que les provinces basques étaient bien pacifiées, et que les quelques bandes qui couraient la Catalogne ne méritaient pas qu'on s'occupât d'elles.

Cependant, le 18 août, le général Hidalgo trouva Savalls sur son passage en allant à Vidra et dut battre en retraite, obéissant, disaient les officieux de M. Ruiz Zorilla, à des combinaisons stratégiques. Savalls s'empara de

Vidra. Le général Baldrich vint alors remplacer Hidalgo, mais il ne fut pas plus heureux que lui, et il se vit jouer également par Savalls lors de son fameux mouvement concentrique de Puycerda. Les *fueros* en furent-ils la cause ?

Bref, pendant que la Navarre restait dans le calme le plus absolu, pendant que les provinces basques oubliaient le carlisme et reprenaient leur travail, la Catalogne restait dominée par les partisans de Don Carlos, et les généraux amédéistes ne pouvaient absolument rien contre eux. C'est ce qui démontre clairement qu'il n'était pas besoin des *fueros* pour fomenter et organiser la guerre civile de ce côté des Pyrénées.

Evidemment, l'espérance du prétendant, déçue après la défaite d'Oroquieta, ne se fut pas ranimée si les *cabecillas* de l'ancien Principat n'eussent remporté aucun succès, et surtout si le gouvernement de Madrid eût mis plus de vigueur à les combattre.

Mais l'état de choses qui rendait si facile l'existence du carlisme en Catalogne, devait nécessairement produire ses effets ailleurs, et encourager une nouvelle prise d'armes en Navarre et dans les provinces basques.

La politique tortueuse du ministre Ruiz Zorilla, son alliance avec MM. Pi y Margall et Figueras, rendaient le gouvernement d'Amédée impossible ; aussi le prince italien avait-il hâte de revoir sa patrie et de laisser l'Espagne s'occuper toute seule de son bonheur.

Lorsque le curé d'Hernialde, Don Manuel Santa-Cruz, initia en décembre 1872 le mouvement insurrectionnel de Guipuzcoa, à la tête d'une poignée de gens sans aveu, on taxa de folie cette équipée dans les hautes sphères du parti carliste.

Les conseillers auliques du prétendant ne pouvaient espérer rien de bon d'une semblable tentative, et ils disaient que le célèbre curé nuisait considérablement à leur cause. Ils pensaient que le gouvernement de Madrid aurait toujours assez de vigueur et d'adresse pour venir promptement à bout de quelques centaines de malheureux, errant dans le Guipuzcoa d'une montagne à l'autre.

Hélas, ils étaient dans une erreur bien grande ; mais leur étonnement ne dut pas être moins grand que leur erreur, lorsqu'ils virent l'inertie du gouvernement donner aux factieux toutes les chances voulues de réussite.

Les colonnes libérales qui se promenaient dans les provinces du Nord se trouvèrent, du jour au lendemain, condamnées à la défensive. Les chefs carlistes Ollo et Sénasoain, qui venaient d'entrer brusquement en Navarre, organisèrent de suite deux bataillons, aidés en cela par Radica ; et, mettant à profit la diversion opérée par Santa-Cruz, ils s'emparèrent de presque toutes les douanes de la frontière.

Puis l'incident Hidalgo, que Ruiz Zorilla venait de nommer capitaine-général d'Alava, vint à propos désorganiser l'armée et servir de prétexte à l'abdication d'Amédée Ier. Les carlistes mirent à profit ces circonstances et entrèrent carrément dans le cœur des provinces basques sans rencontrer de sérieux obstacles. Avec le peu de forces dont ils disposaient, ils s'emparèrent de quelques localités importantes, levèrent partout des contributions en nature et en numéraire, lassèrent les colonnes mises à leur poursuite.

Moriones, le seul général capable de rendre

des services, fut destitué en sortant des Amezcoas, et remplacé par Pavia, un des *héros* d'Alcolea.

Voyons, les *fueros* furent-ils cause de tout ce désordre ?

Les progrès du carlisme grandissaient en Catalogne. Don Alphonse, frère du prétendant, venait d'y pénétrer et son arrivée avait été le signal d'un énergique mouvement vers l'intérieur du *Principado*. Ripoll d'abord, Berga ensuite, tombèrent au pouvoir des carlistes. Peu de jours après, Cabrinety fut défait par Savalls. C'en était trop ; le gouvernement de Madrid enleva à Contreras le commandement en chef dans l'Ouest et le confia au général Velarde.

Dans le Nord, on remplaça Pavia par Nouvilas. Celui-ci débuta par le déplorable combat de Monréal et entra dans Pampelune, d'où il ne sortit que pour aller à Vera poursuivre un ennemi insaisissable, après avoir annoncé qu'il le tenait cerné dans les lignes de son fameux plan triangulaire. D. Ramon Nouvilas fut chanté sur tous les tons par ses propres soldats.

Santa-Cruz et Lizarraga dominèrent la province de Guipuzcoa, que personne ne leur disputait, ne rencontrant de résistance que dans les petites villes confiées à la garde des volontaires. Au mois de mars, après le déraillement d'Icastiguieta, le chemin de fer du Nord-Espagne arrêta la circulation des trains entre Vitoria et la frontière.

La déroute d'Eraül donna aux carlistes un surcroît de prestige : Navarro et la moitié de sa colonne venaient de tomber au pouvoir de Dorregaray. Nouvilas, qui était à Madrid, revint en toute hâte pour réparer ce désastre ; il ne réussit qu'à augmenter le ridicule dont il s'était couvert déjà.

Ce n'est que deux mois après ce fait d'armes qu'on reprit la campagne ; on avait perdu ce temps à discuter un nouveau plan, et les carlistes l'avaient mis à profit pour organiser leurs bataillons et dissoudre les *partidas* qui pouvaient leur nuire dans l'opinion publique par suite de leurs excès. Le curé Santa-Cruz fut répudié et ses hommes passèrent dans le corps que commandait Lizarraga.

Don Carlos se décida alors à pénétrer en Espagne. Il trouva ouvert le chemin de la Navarre et fut acclamé par les populations du Baztan.

Puente-la-Reyna et Cirauqui venaient de tomber aux mains des carlistes après une héroïque défense des volontaires libéraux. Dorregaray eut la coupable faiblesse de laisser, après la capitulation, ces volontaires à la garde des Navarrais ; ceux-ci les massacrèrent dans l'église même. C'est au comte d'Eraül qu'incombe toute la responsabilité de cette horrible hécatombe...

La guerre continuait en Catalogne à l'avantage des carlistes. Savalls prit Igualada le 17 juillet et défit Cabrinety à Alpens peu de jours après ; le général libéral perdit la vie dans cette affaire, et presque tous les siens furent faits prisonniers.

Les généraux du gouvernement de Madrid laissaient faire. La faute en était-elle aux *fueros?*

Puis, vint le général Sanchez Bregua, officier de mérite, mais dépourvu des qualités de *guerrillero* qui sont indispensables pour faire la guerre dans ce pays. Sanchez Bregua fit quelques promenades militaires dans les provinces, sans livrer de combat, pendant que les carlistes assiégeaient Estella (Navarre), occupaient Vergara, Oñate, Mondragon (Guipuzcoa), et refoulaient la colonne Villapadierna vers la Rioja (août 1873).

Estella tomba et les carlistes dominèrent dans la Solana, d'où ils tirèrent d'immenses ressources. Les villes les plus importantes du Guipuzcoa, Eibar, Elgoibar, Azpeitia, Deva, etc., furent évacuées sans rime ni raison par les forces libérales, sur un ordre du ministère.

A ce moment, les carlistes pouvaient compter sur un total de 25,000 hommes, plus ou moins bien armés, sans cavalerie et sans artillerie, car on ne saurait donner le nom d'artillerie aux quelques canons ou obusiers de siége que le *cabecilla* Velasco avait autour de Bilbao et avec lesquels il comptait réduire cette importante ville (septembre et octobre 1874).

Santa-Pau remplaça Sanchez Bregua et la défense du Guipuzcoa fut confiée au brigadier Loma, chef d'une grande énergie (novembre 1874). Les choses allaient au pire pour les libéraux, lorsque le commandement de l'armée nationale fut confié à D. Domingo Moriones, le vainqueur d'Oroquieta.

Le premier ordre que ce général reçut de Madrid fut de reprendre immédiatement Estella et Puente-la-Reyna. La tâche était difficile; néanmoins, elle faillit être menée à bien. Durant trois jours, l'armée libérale se heurta inutilement contre les formidables positions de Monte-Jurra, au sud d'Estella, et abandonna Puente-la-Reyna, qu'elle avait reprise aux carlistes. Ce fut là un échec glorieux qui força l'armée à revenir sous les murs de Pampelune.

En bon Navarrais qu'il était, Don Domingo Moriones résolut de frapper un grand coup pour refaire d'abord le moral de ses troupes. Il savait que Tolosa, cernée par Lizarraga, ne pouvait tenir longtemps; mais enfermé dans la capitale de la Navarre, il ne pouvait voler au secours de cette ville sans rencontrer Dorregaray sur son passage. Il usa d'un stratagème, qui lui réussit parfaitement, pour dérouter son adversaire.

Le 5 décembre, il envoyait un de ses espions à Artajona, à huit lieues de Pampelune, pour ordonner à l'*alcalde* de préparer, dès le 7, trente mille rations pour l'armée régulière. L'espion s'arrangea de manière à éveiller l'attention des carlistes et Dorregaray sut, le 6 au soir, que Moriones avait demandé des rations à Artajona. Vite le chef carliste se porta sur Añorbe avec le gros de ses forces et se prépara à barrer le passage à Don Domingo. Ce dernier n'attendait que ce mouvement pour sortir brusquement de Pampelune, gagner le val du Baztan à marches forcées, brûler Arichulegui en passant, traverser Oyarzun, Renteria, Saint-Sébastien, Hernani sans un moment de repos, et tomber avec la brigade Loma sur les derrières de Lizarraga, qui, abandonnant le blocus de Tolosa, se réfugia à Asteasu, ne comprenant rien à l'inaction de Dorregaray.

Celui-ci cependant n'avait pas été longtemps la dupe de Moriones ; il devina la ruse du *guerrillero;* mais, malgré ses marches forcées, il ne put arriver assez tôt devant Tolosa pour faire sa jonction avec Lizarraga. Le combat qu'il soutint sur les hauteurs de Velabieta fut inutile, car les libéraux eurent le dessus et Tolosa fut ravitaillée et renforcée.

Les carlistes se jetèrent alors sur Bilbao, dont le siége fut résolu.

En Catalogne et dans le centre de la péninsule, le carlisme avait grandi d'une façon effrayante sous les fautes réitérées des libéraux. L'équipée cantonaliste avait doublé ses forces.

Il est bien évident que les *fueros* des vasco-navarrais ne furent pas la cause du gâchis dans lequel se démenaient tous les partis politiques de l'Espagne.

Dans le courant de janvier 1874, Don Carlos fut bien à l'aise en Biscaye. Moriones, appelé par les gouvernants de Madrid, embarqua son armée au Passage et arriva à Santander. Là, il connut la triste situation de Bilbao, entièrement bloquée, mais il mesura ses forces et comprit qu'il était impossible de tenter sa délivrance. Les forts qui bordaient le Nervion ainsi que Portugalete étaient au pouvoir des carlistes.

En Catalogne, Vich et Manresa venaient de tomber.

Le gouvernement de Madrid, considérant le péril que courait Bilbao, envoya des renforts à Moriones. Don Domingo massa quelques brigades sur les bords de l'Ebre et poussa une pointe vers Estella dans le but d'opérer une diversion. Il se déroba, lorsqu'il vit les carlistes dans la Solana, et revint brusquement à Santander par les voies ferrées, espérant arriver à Bilbao avant le gros des factions. Le mauvais temps entrava sa marche. Le 24 février, il dut attaquer de front les hauteurs de San Pedro Abanto, en face du Somorrostro, qui furent vigoureusement défendues, mais néanmoins il gagna beaucoup de terrain. Le lendemain, la bataille continua avec des péripéties diverses, et finalement Moriones se replia sur ses positions de l'avant-veille ; les carlistes avaient réussi à mettre en ligne toutes leurs forces et s'étaient battus avec une ténacité incroyable.

Le bombardement de Bilbao avait commencé le 21 ; il fut repris le 26, après l'échec de Moriones.

Ces graves événements émurent l'opinion publique. Le général Serrano vint se mettre à la tête de l'armée du Nord, emmenant des renforts considérables.

Le 28 février, Tolosa fut évacuée par ses vaillants défenseurs. La défense de cette petite ville était devenue impossible et les forces de Loma étaient destinées à aller en Biscaye. Toute la province de Guipuzcoa était donc aux mains des carlistes, moins Saint-Sébastien, Hernani, Guetaria, Renteria, Fontarabie et Irun que défendaient les volontaires libéraux, appuyés seulement par un ou deux bataillons de *quintos* dont on formait l'instruction.

Le mois de mars se passa en préparatifs. Les habitants de Bilbao avaient organisé la défense de leur ville, sous les ordres du brave et loyal général Castillo ; ils étaient décidés à périr sous les décombres plutôt que de se rendre ; leur attitude énergique et leur constance sauvèrent l'Espagne de la domination des carlistes, car, si Bilbao eût succombé, le triomphe définitif de Don Carlos n'eût été qu'une question de temps ; le prétendant eût trouvé dans cette ville des ressources suffisantes pour mener à bonne fin son aventure, et sans aucun doute, les puissances européennes eussent reconnu les carlistes comme belligérants.

A l'Est de la péninsule, les armées libérales subissaient échecs sur échecs. Le général Nouvilas s'était fait battre par Savalls à Castelfullit et était resté prisonnier du *cabecilla* avec la moitié de sa division. La chute d'Olot suivit ce fait d'armes.

Dans le Centre, Santès et Cucala poussaient des incursions jusque dans la province de Guadalajara.

Enfin, le 25 mars, le maréchal Serrano se crut en état d'attaquer les lignes carlistes du

Somorrostro et de forcer le blocus de Bilbao. Il avait trente mille soldats sous ses ordres, commandés par Letona, Primo de Rivera et Loma.

La bataille s'engagea sous de bons auspices et les troupes gagnèrent beaucoup de terrain dans la première journée. Le 26, Primo de Rivera occupa le village de Pucheta et attaqua les tranchées de Abanto de Suso, sur le flanc des monts de Triano. Le 27, après avoir couvert la redoute de San Pedro Abanto de projectiles, Loma et Primo de Rivera, combinant leur marche, s'avancèrent sur cette importante position, qui était la clef des lignes carlistes. Trois fois les soldats libéraux furent repoussés avec des pertes considérables. Les deux généraux étaient blessés, ainsi que le chef d'état-major Terreros. Il fallut se replier de nouveau derrière le Somorrostro. Les 28 et 29, l'artillerie seule continua le combat. Un obus éclata dans un *caserio* près de Sanfuentes, où se trouvaient réunis les principaux chefs carlistes : Ollo et Radica furent tués.

On s'attendait, après ce nouvel insuccès, à la capitulation de Bilbao. On savait que les vivres faisaient défaut et que tout secours par le Nervion était impossible, cette rivière étant barrée à son embouchure par de fortes chaînes. Le moment était critique, et certes le découragement des Bilbaïnos eût été bien excusable. Leur courage se haussa au niveau de leur patriotisme et l'on décida qu'on résisterait jusqu'à la dernière cartouche et jusqu'à la dernière miette de pain. Les carlistes croyaient à un succès immédiat et augmentaient les rigueurs du siége par un bombardement continu.

Dans cette situation désespérée, Serrano en appela aux lumières du général Concha. Le marquis del Duero accepta le commandement d'un corps d'armée et dressa lui-même le plan de la nouvelle campagne. Les préparatifs en furent faits consciencieusement, et dès le 25 avril l'armée du Nord commença son mouvement.

Concha quitta Laredo le 27, se dirigeant vers la vallée du Cadagua. Le 28, il battait les carlistes à Las Muñecas, où leur chef Andechaga combattit avec valeur et mourut dans sa défaite. Le 29, les corps du Somorrostro dessinaient leur attaque vers les monts de Triano et de

Galdames, laissant San Pedro de Abanto à leur gauche. Le 30, quelques engagements sans importance avaient lieu à Las Cortes et à San Cristobal.

Pendant ce temps, l'escadrille de l'amiral Topete canonnait Portugalete et Santurce, ainsi que les positions de l'*Abra* du côté de Las Arenas. Les chaînes qui barraient le Nervion furent rompues par la *Sirena*.

Se voyant débordés de tous côtés, les carlistes, obéissant aux conseils de Elio, levèrent le siége de Bilbao, emportant leur matériel, sauf quelques vieux canons qu'ils enfouirent.

Le 1er mai, Bilbao était délivrée. Le 2, Concha et Serrano entraient dans la ville à la tête de leurs vaillants soldats. Il n'était que temps....

Au lieu de profiter de leur victoire, les libéraux restèrent inactifs dans Bilbao et dans Orduña, que Concha avait fait occuper. On méditait sur les choses politiques et sur le plus ou le moins de chances qu'il y aurait à faire un *pronunciamiento* alphonsiste. Ce répit sauva les carlistes.

Cependant, il fallut agir. Pendant que le marquis del Duero massait ses forces aux bords de l'Ebre, les carlistes attaquaient Hernani par surprise et bombardaient impitoyablement cette petite ville, qui n'était défendue que par une poignée de volontaires et par deux compagnies de troupes régulières. La position de Oriamendi était au pouvoir des assiégeants et leurs *guerrillas* venaient jusqu'aux portes de Saint-Sébastien. Après un bombardement de quatre jours, les carlistes abandonnèrent la partie et se dirigèrent vers Estella, que le marquis del Duero avait choisi pour objectif.

Nous arrivons au mois de juin. L'armée du général Concha était échelonnée entre les cours de l'Ega et de l'Arga. Martinez Campos et Echagüe avaient le commandement des deux ailes de cette armée, dont le centre était déjà à Oteiza avec le général Rossel.

Le 25 juin commença la bataille. Villatuerta fut enlevée le 26, ainsi que Lacar et Murillo. Le soir de cette journée, les troupes manquèrent de vivres. Le service de l'intendance laissait beaucoup à désirer.

Cependant Martinez Campos occupait Zabal pendant que la brigade Blanco entrait dans Abarzuza. Le lendemain 27, la bataille s'engagea sur toute la ligne. Les carlistes, revenus à eux-mêmes, reprenaient l'offensive du côté de Zurucain et essayaient de couper la brigade Blanco dans Abarzuza ; ils furent contenus par la cavalerie libérale ; mais quelques bataillons navarrais, commandés par Mendiri, ayant réussi à faire coin dans la ligne libérale, le désordre se mit dans les rangs de l'armée. C'est alors que le général Concha monta à cheval pour ranimer le courage des siens. Une balle perdue le frappa en pleine poitrine.................

Alors une véritable panique s'empara des soldats ; ils abandonnèrent précipitamment le champ de bataille, ainsi que les positions si difficilement conquises pendant les deux jours précédents. L'armée dut revenir aux bords de l'Ebre.

Dans le Centre, les carlistes ne restaient pas inactifs. Après quelques marches heureuses, Don Alphonse, frère du prétendant, s'empara de Cuenca, faisant prisonnière toute la garnison avec le brigadier Iglesias (15 juillet 1874).

Le commandement par intérim de l'armée du Nord avait été confié de nouveau à Moriones, et pendant que celui-ci organisait ses troupes pour reprendre la campagne, le *cabecilla* Alvarez s'emparait de La Guardia, petite ville de l'Alava ayant une grande importance au point de vue stratégique.

Pampelune était bloqué étroitement par les carlistes ; aussi donna-t-on à Moriones l'ordre de dégager cette capitale. C'était donner au célèbre *guerrillero* l'occasion de mettre en relief ses qualités spéciales et sa grande connaissance du pays sur lequel il allaït opérer. Tout d'abord, Moriones poussa une reconnaissance vers Oteiza et s'empara de cette localité, puis il revint vers Tafalla, où il concentrait le noyau de son armée.

En Catalogne, Savalls assiégeait inutilement Puycerda, que Lopez Dominguez parvint à secourir à temps. En revanche, La Seo d'Urgel était enlevée par surprise le 16 août. Les carlistes trouvèrent dans cette place 60 canons de position et plus de 3,000 fusils.

Le moment était venu pour l'armée du Nord de marcher au secours de Pampelune. Le 15 septembre, Moriones commença ses opérations. Dans les journées suivantes, jusqu'au 21, il ne fit que des marches et des contre-marches dont le but évident était de tâter les carlistes. Ceux-ci, aux ordres de Dorregaray et de Mendiri, occupaient fortement Unzue et Biurrun, sur la route de Pampelune. Il eût fallu livrer une bataille pour passer et Moriones était trop prudent pour la livrer sur un pareil terrain.

Il eut encore recours à une ruse de guerre. Lorsqu'il vit les carlistes bien assis entre lui et la capitale de la Navarre, il donna l'ordre au général La Serna, qui était à Vitoria, de se porter en toute hâte vers la *ribera* de Navarre et de remonter brusquement sur Estella.

Surpris par cette attaque, les carlistes abandonnèrent Biurrun et Unzue et coururent au devant de La Serna, qui était déjà à Los Arcos. C'est alors que Moriones passa, avec un convoi considérable de vivres, et arriva à Pampelune sans trop de difficultés. Deux jours après, Don Domingo était de retour à Tafalla.

Je passe sous silence les diverses petites rencontres qui eurent lieu dans la *ribera* de Navarre, ainsi que les incidents diplomatiques soulevés par le gouvernement de Madrid, au sujet de la prétendue protection que la France accordait au carlisme. Les autorités françaises n'eurent aucune difficulté à démontrer le mal fondé des récriminations exposées dans le fameux *memorandum* du marquis de la Vega Armijo, ambassadeur d'Espagne à Paris.....

....

Après le combat d'Abarzuza et l'exécution de l'Allemand Smith, pris dans ce village au moment où il faisait, disent les carlistes, une reconnaissance d'avant-postes, M. de Bismark se déclara ouvertement l'ennemi de Don Carlos. Il envoya des agents spéciaux sur la frontière des Pyrénées, en incorpora quelques autres dans les rangs libéraux et commit deux canonnières, le *Nautilus* et l'*Albatros*, à la surveillance des côtes de la Biscaye et du Guipuzcoa.

Au mois d'octobre, le général La Serna reprit La Guardia aux carlistes et les refoula vers Estella. De part et d'autre on gardait une attitude indécise et l'approche de l'hiver semblait avoir paralysé les opérations militaires, lorsque Don Carlos, conseillé par les princes de la maison de Parme, ordonna le siége d'Irun.

Le blocus de cette petite ville frontière n'avait existé que dans l'imagination des carlistes, car ses habitants communiquaient toujours facilement avec la France, par Béhobie et par le bac de Santiago ; ils avaient, de plus, le cours de la Bidassoa, qui permettait les ravitaillements et les changements de la garnison.

Le 4 novembre commença le bombardement. Il dura jusqu'au 10, mais n'aboutit à aucun résultat. Les bombes et les obus carlistes firent quelques victimes et détruisirent inutilement une douzaine de maisons. Le général La Serna entra dans Irun le 11 avec deux divisions, au moment où les carlistes, honteux de leur insuccès, enlevaient leur artillerie de San Marcial et se retiraient vers la Navarre. La Serna, après avoir secouru Irun, revint à Saint-Sébastien, où il laissa Loma et Blanco avec 8,000 hommes, et s'embarqua pour Santander avec le reste de son armée. Au lieu de poursuivre les carlistes en Navarre ou d'occuper solidement la frontière, le général en chef de l'armée du Nord se préoccupa d'abord des questions politiques qui s'agitaient à Madrid. Il revint à Santander, puis sur les bords de l'Ebre, pour être plus à même de suivre la marche des événements.

Loma essaya un mouvement offensif vers Tolosa dans les premiers jours de décembre.

Le 7 et le 8 on se battit entre Hernani et Urnieta et les carlistes eurent l'avantage. Loma avait été blessé assez grièvement au milieu de la journée du 8.

Quelques jours après ce combat malheureux pour les armes libérales, Serrano vint se placer à la tête de l'armée, afin d'activer les opérations commencées par Moriones en Navarre et mal secondées sur l'Ebre par La Serna.

Le coup d'état alphonsiste vint le surprendre à Logroño le 31 décembre....................

....

L'année 1875 trouva l'Espagne aux mains de la monarchie constitutionnelle. Le roi Alphonse XII, fils de la reine Isabelle II, était appelé à régner sur une nation ruinée et livrée aux perturbations de la guerre civile.

L'armée qu'avait organisée Serrano, forte d'environ 70,000 hommes, attendait en Navarre l'ordre de se mettre en mouvement. Don Alphonse vint la passer en revue et recueillir d'enthousiastes ovations.

Moriones, qui n'avait pas voulu quitter le commandement de son corps d'armée, s'ouvrit de nouveau la route de Pampelune en tournant le Carrascal ; puis, après avoir ravitaillé cette place, il tomba sur Puente-la-Reyna, forçant les carlistes à se retirer vers Estella. C'était un succès de bon augure pour la campagne qui commençait.

Don Alphonse était avec le gros de l'armée sur les hauteurs du mont Ezquinza et croyait (on le lui avait fait croire) que deux jours après il entrerait dans Estella, lorsque le coup de main de Lacar vint détruire ses illusions et en même temps tous les avantages remportés par Moriones. Les carlistes, conduits par Mendiri, avaient surpris l'avant-garde alphonsiste et l'avaient pour ainsi dire anéantie. Le roi faillit tomber entre leurs mains.

L'armée conserva néanmoins ses positions dans la Solana, mais Moriones revint à Tafalla.

A Madrid, l'on commençait à désespérer. Ne pouvant vaincre les carlistes dans leurs montagnes, on essaya de les désorganiser au moyen de l'intrigue. Cabrera, le *Tigre du Maestrazgo,* renia son passé et reconnut le gouvernement alphonsiste. Il vint jusqu'à la frontière d'Espagne pour prêter son influence au nouveau régime. On sait qu'il put réunir à peine une centaine de renégats, débris des premières bandes de Santa-Cruz, qui, moyennant dix *réaux* le jour et le droit de pillage la nuit, s'engagèrent à combattre les carlistes sous le nom de *Volontaires de la Paix*.

Au mois de mai, pendant que M. Canovas del Castillo et ses collègues tentaient un effort suprême pour la formation de trois armées nouvelles destinées à opérer séparément au Centre, à l'Est et au Nord, les carlistes atteignaient leur plus grande puissance. Ils avaient en armes, dans la péninsule, environ 75,000 hommes avec 110 canons.

Les libéraux se tenaient sur la défensive, attendant le signal d'une campagne décisive pour laquelle tous les préparatifs se faisaient au prix des plus grands sacrifices.

Le 12 mai commença le bombardement de Guetaria. Les carlistes attaquaient cette petite ville ave deux mortiers et seize pièces de canon. On ne s'explique pas qu'ils n'aient pu la prendre, étant donnée la situation des lieux et l'état moral des défenseurs, que l'on laissait dans un isolement complet. Le 26, l'amiral Barcaiztegui fut tué en face de Motrico, sur le vapeur *Colon*, par un obus carliste. Ce fut une grande perte pour l'Espagne, car Don Sanchez Barcaiztegui était un vaillant et loyal marin.

Cependant les opérations militaires furent commencées dans le Centre. Dorregaray, après avoir réorganisé les forces carlistes, soutint un combat important aux environs d'Alcora, dans lequel il eut l'avantage.

En juin, les armées libérales gagnèrent du terrain et purent pénétrer dans la Catalogne avec facilité. Déjà la désunion se faisait sentir chez les carlistes et les chefs s'accusaient réciproquement de trahison.

Dorregaray fut destitué et remplacé par Lizarraga. Savalls ne résista que faiblement aux attaques de l'armée de Catalogne et se réfugia dans les Pyrénées. La Seo d'Urgel fut assiégée par Martinez Campos et tomba en son pouvoir. Les carlistes n'existaient plus que de nom dans l'ancien Principat et dans le Centre.

Ces premiers résultats encouragèrent le gouvernement de Madrid à tenter un effort suprême en Navarre et dans les provinces basques. L'armée était toujours immobile le long de l'Ebre. En Guipuzcoa, il y eut quelques petits engagements sans importance. Les carlistes se fortifiaient dans leurs lignes de défense et improvisaient des redoutes sur tous les points culminants.

Le 28 septembre eut lieu le combat de Choritoquieta, aux environs de Saint-Sébastien, dans lequel le général Trillo perdit environ 300 hommes. Le même soir, les carlistes envoyèrent des obus sur la capitale du Guipuzcoa à l'aide de deux canons qu'ils avaient établis au pied du mont Arratzain. Ils continuèrent le feu les jours suivants, sans causer de sérieux dommages.

Jusqu'à la fin de l'année, il n'y eut aucun fait de guerre de grande importance. Moriones avait été envoyé en Guipuzcoa, où, selon sa coutume, il causait aux carlistes des surprises désagréables.

Le mouvement général de l'armée alphonsiste ne commença qu'en janvier 1876. Martinez Campos fut chargé de mettre à exécution la partie la plus ingrate du plan de campagne, c'est-à-dire de se porter vers la frontière en traversant la Navarre. Ce général, dont les triomphes en Catalogne avaient grandi le prestige, réussit au delà de toute espérance. Sorti de Pampelune, il avait fait un mouvement vers le Roncal, puis obliquant à gauche, avait traversé les Aldudes et était arrivé à Urdax sans coup férir.

En même temps, Quesada, venant de Vitoria, s'avançait hardiment sur la haute Biscaye, refoulant Carasa et Cavero, que Don Carlos avait envoyés au devant de lui.

Par suite de ces mouvements stratégiques, les carlistes étaient placés dans une situation critique. Ils eussent pu réunir leurs forces sur un seul point et tomber successivement sur Martinez Campos d'abord et sur Quesada ensuite, mais ils manquèrent de décision pour cela : ils n'étaient plus commandés par des *guerrilleros*, car Don Carlos, manquant sans doute de confiance dans ceux-ci, avait remis à ses cousins de Parme la direction des opérations militaires.

Dès le 15 février, toute défense n'était plus possible. La Peña de Plata, Vera, Elizondo, Santesteban étaient au pouvoir de Martinez Campos. A Elgueta, Carasa avait été battu de nouveau par les divisionnaires de Quesada.

La débandade commença alors............

Le 28 février, D. Carlos et les siens passaient la frontière au pont d'Arnéguy. Son cousin D. Alphonse XII arrivait de Madrid pour récolter les lauriers de la victoire.

Le carlisme venait de disparaître comme une brume matinale ; il n'en restait qu'un triste souvenir dans le cœur et dans l'esprit des populations vasco-navarraises.

Les ruines qui existent encore aujourd'hui témoignent de l'ardeur de cette lutte fratricide qui dura trois années. Elles sont une protestation vivante contre le prétendant et contre ceux qui tenteraient en son nom de jeter ce pays dans de nouvelles aventures.

Juillet 1877.

Province du Guipuzcoa.

Description. — Statistique. — Industrie. — Langue. — Coutumes. — Administration. — Services publics. — Etablissements thermaux. — Renseignements.

Cette province, dont le nom signifie en vieux basque *puits de montagnes,* est la plus petite des quarante-neuf provinces espagnoles. Son étendue territoriale ne dépasse pas 188,000 hectares et sa population est d'environ 162,000 habitants.

Elle est bornée : au Nord, par le golfe de Gascogne ; à l'Est, par la Bidassoa, frontière française ; au Sud-Est et au Sud, par la chaîne des Pyrénées qui sépare les versants de la Méditerranée et de l'Atlantique ; à l'Ouest, par la Biscaye.

Les principaux cours d'eau qui arrosent la province sont : la *Bidassoa,* qui prend son origine en Navarre et débouche à Fontarabie dans l'Océan ; l'*Urumea,* qui descend des hautes montagnes de Leiza et Goizueta, passe à Hernani et se jette dans la mer à Saint-Sébastien ; l'*Oyarsun,* qui naît dans les contreforts du Haya et débouche dans le port de Passages ; l'*Oria,* dont les trois sources principales ont leur origine à Cégama, à Idiazabal et à Zumarraga, et qui a son embouchure près du village de Orio ; la *Deva,* qui naît à Salinas et court du Sud au Nord, en passant par Vergara, Plasencia, Elgoibar et Deva ; enfin l'*Urola,* qui prend son origine à Legazpia et se jette dans l'Océan, près de Zumaya, après avoir traversé les territoires de Zumarraga, Villaréal, Azcoitia, Azpeitia et Cestona. Ces cours d'eau suivent le fond de délicieuses vallées et distribuent partout sur leur parcours une puissante force motrice, dont les industrieux habitants de ce pays ont su tirer grand profit.

Ce n'est pas sans raison que l'on a qualifié les provinces basques du titre de *petite Suisse;* en effet, on trouve dans ces provinces des sites pittoresques, des endroits enchantés où la nature a donné libre cours à ses caprices, et des contrastes sans nombre, qui sont bien faits pour mériter l'attention et la curiosité des voyageurs.

Le climat y est généralement fort doux. L'hiver ne se fait jamais sentir dans les vallées, où les plus grands froids ne font descendre le thermomètre qu'à 5 ou 6 degrés au-dessus de zéro. L'été est tempéré par le voisinage de la mer et par les brises du Nord-Est, qui se font sentir à chaque marée.

Les plus hautes montagnes de la province du Guipuzcoa sont les suivantes :

Aralar, dont l'élévation est de 1,475 mètres au-dessus du niveau de la mer, et qui fait partie de la chaîne cantabrique située aux confins de la Navarre et du Guipuzcoa ;

Araiz, mesurant en hauteur 1,450 mètres environ, située à la limite de l'Alava ;

Larrunari, haute de 1,400 mètres, qui fait partie de la *Sierra d'Aralar ;*

Aloña, de 1,300 mètres d'altitude ;

La *Sierra de Zaraya*, qui divise la vallée de Leniz et le territoire de l'Alava, est haute de 1,150 mètres ;

L'*Udalaiz,* qui lui fait face, mesure 1,080 mètres ;

Le *Hernio,* qui sépare Tolosa et Azpeitia, a une hauteur de 1,070 mètres à son point culminant ;

Le *Haya,* ou Trois-Couronnes, situé entre la vallée d'Oyarsun et la frontière française, ne mesure pas moins de 900 mètres d'élévation.

Puis, l'on peut citer les monts *Itzarraiz, Jaizquibel, Ulia, Igueldo,* etc., etc., dont les cimes se perdent dans les nues.

Depuis la création des chemins de fer, l'industrie s'est beaucoup développée dans les provinces basques, particulièrement dans le Guipuzcoa, et l'on a vu, dans une période de quinze années, s'élever des usines et des fabriques sur tous les points de cette contrée privilégiée.

A part les mines de fer, de plomb argentifère, de cuivre, de zinc et de houille, on y exploite de vastes carrières de granit, de pierres meulières, d'ardoise et de marbre.

Les fabriques de chaux hydraulique, de tissus en lin et en coton, de feutre, de bougies, de papier, d'allumettes, d'armes à feu, d'armes blanches, de bérets, de chaussures et de drap ;

les filatures de coton, les fonderies de métaux, les ateliers de construction, les brasseries, les tanneries, etc., etc., sont répandues en Guipuzcoa et donnent la vie et le mouvement à la majeure partie de la population. On établit en ce moment aux portes de Saint-Sébastien, quartier de l'*Antigua,* une importante verrerie à feu continu, la première qui se soit construite en Espagne, d'après les plans d'un ingénieur français, M. Ulysse Mantrant.

Les habitants de la côte se dédient surtout à la pêche et à la fabrication des conserves de poisson, dont il se fait un grand commerce avec l'intérieur de la péninsule.

Dans certaines parties de la province on élève des bestiaux, entr'autres des moutons, des bœufs et des chevaux. On y cultive du blé, du maïs, de l'avoine, du lin, des pommes de terre, des haricots et des pois chiches qu'on désigne sous le nom de *garbanzos.* La vigne réussit médiocrement dans cette partie de l'Espagne ; mais, en revanche, les pommiers donnent chaque année une grande récolte de fruits qui servent à la fabrication du cidre. Excepté sur les crêtes abruptes des montagnes, les Guipuzcoanos tirent parti de leur sol, qu'ils cultivent avec une persévérance et un soin admirables. Les femmes surtout se font remarquer par leur ardeur au travail.

La chasse est abondante en Guipuzcoa. Les lièvres et les lapins se trouvent surtout dans les vallées, tandis que sur la montagne on rencontre des sangliers *(jabalis)*, des renards et même des loups. Le gibier à plume ne manque pas non plus à toutes les époques de l'année.

Sous le rapport de l'instruction publique, la province de Guipuzcoa est l'une des plus avancées de l'Espagne. L'enseignement au premier degré y est gratuit depuis un demi-siècle, et l'on peut le considérer comme obligatoire dans les villes, où la police urbaine ramasse les enfants vagabonds et les conduit dans les écoles.

L'Université d'Oñate fut fondée en 1540. Le collége de Vergara date de 1764. Il existe à Saint-Sébastien un Institut provincial, où l'on prépare les jeunes gens pour les écoles spéciales. Grâce au zèle des municipalités, tous les villages de la province, toutes les *aldeas* les plus retirées sont pourvues de maîtres d'école et d'institutrices qui, au contraire de ce qui se passe dans bien des provinces du Centre et du Midi de l'Espagne, reçoivent régulièrement leur traitement mensuel.

Comme conséquence d'un tel état de choses fort louable, on ne connaît pas la criminalité dans cette heureuse province. On peut la parcourir dans tous les sens, de nuit comme de jour, sans la moindre crainte des détrousseurs de grand chemin si communs dans les contrées situées au Sud de l'Ebre. Les délits étaient représentés, dans la dernière statistique du ministère de la justice, par 0,062 pour cent habitants, c'est-à-dire qu'il existe par an, en terme moyen, 62 délits pour cent mille habitants. Ces chiffres parlent avec éloquence en faveur de l'honorabilité du peuple basque.

Les établissements de bienfaisance, hôpitaux, refuges, etc., ne manquent pas en Guipuzcoa. La mendicité étant interdite d'après le *fuero,* presque toutes les localités de la province possèdent des *Casas de Misericordia,* où les pauvres et les vagabonds sont admis, sous la surveillance de l'autorité. Tolosa, Azpeitia, Saint-Sébastien et Irun possèdent des hôpitaux de premier ordre.

Le *Vascuence* ou *Euskara* est la langue que l'on parle usuellement en Guipuzcoa, bien que le castillan soit adopté dans les actes publics et dans la haute société, sans doute pour faciliter l'entendement des étrangers.

Cette langue est, sans contredit, le monument le plus antique de l'Espagne. Nul ne sait d'où elle procède, ni quels peuples la parlèrent autrefois. Les études faites à ce sujet n'ont donné aucun résultat, et c'est bien inutilement que certains auteurs modernes cherchent à reconstituer les cinq dialectes de l'*Euskara* pour les comparer avec les langues mortes de l'Orient ou du Nord de l'Europe.

Le *Vascuence* est un idiome mystérieusement imagé, plein de couleur et d'énergie, qui a cette particularité de ne pas posséder d'article. Le

R. P. Larramendi, de la Compagnie de Jésus, publia en 1728 une grammaire basque, qui précéda de quelques années son célèbre dictionnaire castillan-vasco-latin.

La littérature *Euskara,* bien que fort riche, ne possède en général, comme prose, que des œuvres manuscrites, qu'on retrouve dans les bibliothèques publiques et privées. En poésie, elle a légué des chants guerriers remarquables, des chansons populaires et même quelques comédies historiques. Différents auteurs ont fait de curieuses études sur la langue *Euskara* et les Basques, tels que Voltaire, Humboldt, de Mazure, Francisque Michel, Chaho, Henao, Madoz, le prince Lucien Bonaparte, etc., etc.

Dans son *Dictionnaire Géographique,* Madoz s'exprime ainsi à l'égard des Basques du Guipuzcoa :

« Les Guipuzcoanos sont de belle figure,
« affables, courtois et humains, aimant à com-
« plaire, surtout aux étrangers, pour lesquels
« ils professent la plus large générosité; ils
« sont durs et inflexibles vis-à-vis de leurs
« ennemis.

« Désireux de conserver leur antique no-
« blesse et constants dans la défense de leurs
« *fueros,* véritablement utiles, ils se gouver-
« nent par les principes de l'honneur et de la
« probité. C'est dans les réunions publiques,
« dans les fêtes ou *romerias* qu'ils donnent les
« plus grandes preuves de la droiture de leur
« caractère, rendant inutile la présence de l'au-
« torité ou de la force armée.

« Les femmes sont belles de visage et riches
« de couleur. Leur front est blanc et leurs che-
« veux sont magnifiques ; graves, honnêtes,
« elles sont gracieuses et fortes, spécialement
« dans les localités voisines de la côte. Leur
« costume est fort simple ; elles se chaussent
« ordinairement d'*alpargatas.* Les femmes
« mariées portent une coiffure spéciale, sorte
« de mouchoir noué en forme de toque ; les
« jeunes filles vont nu-tête, les cheveux divisés
« en une ou plusieurs tresses tombantes. »

Les paysans, nommés *caseros,* portent la culotte courte et les guêtres de laine tricotée, avec des *alpargatas* ou des *abarcas* pour chaussure. Ils usent la blouse et le veston, suivant les circonstances, et sont toujours coiffés du béret bleu ou *boïna*. On les voit rarement sans un bâton, *makila,* qui est dans leurs mains robustes une arme redoutable.

Les Guipuzcoanos sont sobres et peu portés à l'abus des choses pernicieuses. Le dimanche ils se réunissent dans les tavernes et cidreries, où rarement ils se laissent aller jusqu'à l'ivresse.

Ils sont passionnés pour le jeu de pelote, qui est érigé chez eux à la hauteur d'un art. Chaque localité a sa *plaza,* où se jouent, entre les plus habiles, de longues et sérieuses parties, quelquefois avec des enjeux relativement considérables.

Les danses guipuzcoanas sont très-originales et fort variées ; les plus remarquées sont les *zortzicos* et les *bordon-dantza*, *escu-dantza, espata-dantza,* qui sont traditionnellement conservées. On garde dans ces danses la réserve la plus grande et l'on y respecte les règles de la décence la plus sévère.

Jusqu'à ce jour, l'administration de la province de Guipuzcoa, comme dans l'Alava et la

Biscaye, a relevé exclusivement de la Députation forale, dont la résidence est à Saint-Sébastien depuis quelques années. Cette Députation est composée d'un Député Général et de deux Seconds Députés ; de plus, il lui est adjoint des représentants de chaque *partido* ou district provincial, qui forment autour d'elle une sorte de conseil permanent.

Le Gouvernement a, pour le représenter dans l'ordre politique, un Gouverneur civil nommé *corregidor* par le *fuero,* et dans l'ordre militaire, un Commandant général de la province. Ces deux fonctionnaires résident à Saint-Sébastien depuis 1854.

La loi du 21 juillet 1876, qui modifie sensiblement le régime foral, va, à l'heure de son application, altérer l'administration économique de la province, sans pour cela atteindre ses bases fondamentales, qui sont trop profondément enracinées dans le pays pour devoir disparaître si promptement.

La justice est distribuée comme dans le reste de la nation. Il y a, dans la province, quatre juridictions de première instance, à Saint-Sébastien, Azpeitia, Vergara et Tolosa ; ces tribunaux, où ne siége qu'un seul juge, relèvent de la cour de Burgos.

Des justices de paix existent dans la plupart des localités ; elles connaissent des affaires de conciliation et ne prononcent, en dernier ressort, que jusqu'à une somme très-limitée, dans les procès en réclamation d'espèces.

En ce qui concerne la force publique proprement dite, il n'existe en Guipuzcoa, dans la période normale, que la *guardia civil* ou gendarmerie, chargée d'exécuter les ordres du *corregidor,* et le corps des *miquelets,* qui obéit seulement à la Députation générale. Ces *miquelets* sont organisés militairement ; ils prêtent service dans les dépôts et entrepôts de la province, ainsi qu'aux limites de celle-ci, percevant les droits et protégeant les grandes routes. Durant la dernière guerre civile, les *miquelets* ont rendu de signalés services ; leur bataillon a assisté à tous les combats qui se sont livrés en Guipuzcoa, occupant toujours les postes les plus périlleux. Je dois dire à la louange de cette troupe d'élite que l'Espagne lui est en grande partie redevable de ses succès contre les carlistes ; car, sans son aide, jamais les forces régulières n'eussent osé s'aventurer hors des villes où elles s'étaient claquemurées.

Le clergé du Guipuzcoa dépend, depuis 1862, de l'évêché de Vitoria. Jusqu'à cette époque, il a été à la solde de la province, sauf durant quelques intermittences. D'après la nouvelle loi, l'Etat se charge dorénavant de ses émoluments.

Le service des douanes est divisé en six zônes administratives, relevant de la direction centrale. Irun et Saint-Sébastien sont des postes de première classe. Deva, Zumaya, Passages et Fontarabie sont seulement de troisième.

Les monuments publics que possède la province de Guipuzcoa, sur toute l'étendue de son territoire, ont peu d'importance au point de vue artistique, si l'on en excepte toutefois le monastère de Loyola (Azpeitia), et les statues de quelques hommes illustres érigées à Guetaria (El Cano), à Villaréal (Jauregui), à Albistur (Olano), et à Saint-Sébastien (Mari).

Les sources d'eaux minérales sont très-nombreuses dans ce pays ; aussi, chaque été, vient-il de tous les points de l'Espagne une foule de malades visiter les établissements balnéaires, pour y recouvrer des forces et refaire leur santé.

C'est à la station de Zumarraga que se trouve établi, sous la direction intelligente de M. Marcelino Ugalde, le service de correspondance entre la voie ferrée et tous les établissements de bains de l'intérieur et de la côte.

Les sources d'*Arechavaleta*, de *Azcoitia*, de *Ezcoriaza*, de *Gaviria*, de *Mondragon*, de *Oñate* et de *Ormaiztegui* sont sulfureuses ; celles de *Cestona* sont salines et chaudes. Celles de *Alzola* (Elgoibar) et de *Lizarza* sont salines et azotées. Ce sont les plus renommées.

Les bains de mer de Motrico, Guetaria et Orio sont fréquentés par les gens du pays, tandis que la foule des étrangers se rend à ceux de Deva, Zumaya, Zarauz, Saint-Sébastien et Fontarabie.

Ci-après la liste des établissements balnéaires de la province :

Etablissements Balnéaires du Guipuzcoa.

BAINS	STATIONS qui les DESSERVENT	NATURE des EAUX	DURÉE de LA SAISON	
Alzola	Zumarraga.	Salines chaudes.	15 Juin au 30 Septembre.	
Arechevaleta	Idem.	Sulfureuses froides.	Id.	Id.
Cestona	Idem.	Sulfureuses.	Id.	Id.
Escoriaza	Idem.	Sulfureuses froides.	1er Juin au 30 Septembre.	
Gaviria	Beasain.	Sulfureuses tempérées.	Id.	Id.
Lizarza	Tolosa.	Salines chaudes.	Id.	Id.
Oñate	Zumarraga.	Sulfureuses.	Id.	Id.
Ormaiztegui	Beasain.	Sulfureuses.	15 Juin au 30 Septembre.	
Azcoitia	Zumarraga.	Sulfureuses froides.	1er Juin au 30 Septembre.	
Santa-Agueda	Idem.	Ferrugins carbonatées.	Id.	Id.
Mondragon	Idem.	Sulfureuses.	Id.	Id.

Voir les annonces concernant le service de correspondance de M. Marcelino Ugalde, *à Zumarraga.*

ITINÉRAIRE

La Bidassoa. — Ile des Faisans. — Béhobie. — Enderlaza. — Irun. — Fontarabie. — Renteria. — Lezo. — Oyarsun (vallée d'). — Passages (les). — Alza.

LA BIDASSOA. — L'ILE DES FAISANS.

Le petit fleuve que l'on traverse sur un magnifique pont de pierre, en sortant de la station de Hendaye, pour se rendre à Irun par la voie ferrée, sert de limite frontière entre la France et l'Espagne, depuis la borne de Endarlaza jusqu'au cap Figuier.

Sa position internationale lui a donné une célébrité que n'ont jamais obtenue des cours d'eau d'un régime plus considérable ; car il a vu se dérouler sur ses deux rives les grandes choses dont nous parle l'histoire des deux pays voisins, autrefois ennemis, s'épuisant constamment en luttes acharnées, mais aujourd'hui liés d'amitié par d'intimes intérêts.

La Bidassoa prend sa source au sommet des

montagnes de Navarre ; elle se nomme Baztan, dans la partie comprise entre Santesteban et le col de Maya. Lors du traité de délimitation de la frontière franco-espagnole, en 1856, ses eaux furent déclarées neutres, depuis le mont Chouhille jusqu'à la mer ; c'est-à-dire que les deux nations renoncèrent volontairement à leur propriété, afin d'éviter le renouvellement des difficultés qui avaient été diverses fois suscitées.

Depuis, les faits de la dernière guerre civile et la question de la contrebande ont fait apporter une modification essentielle au traité de 1856. Finalement, les eaux de la Bidassoa ont été déclarées communes aux deux pays.

Les Espagnols eurent, autrefois, la prétention d'une propriété exclusive sur la Bidassoa. L'historien Mariana, en parlant de l'entrevue qui eut lieu entre Louis XI et Henri IV de Castille, en 1463, sur les bords de ce fleuve, raconte que le monarque espagnol, accompagné d'une suite brillante, franchit la Bidassoa sur un bac, et que, au moyen de son bâton, il marqua sur la berge française la ligne des plus hautes eaux, en disant au roi de France : « *Ici encore je suis sur mes terres.* »

Philippe de Comines, qui accompagnait Louis XI dans son voyage, oublie de parler de cet incident, auquel peut-être le monarque français ne prêta aucune attention, préoccupé qu'il était de choses bien plus sérieuses.

Du reste, l'histoire ne consacre pas cette prétention de l'Espagne sur la propriété du petit fleuve. Ainsi, en 1526, lorsque François Ier, le vaillant prisonnier de Pavie, fut échangé contre ses deux enfants, en exécution du traité de Madrid, l'échange se fit au milieu de la Bidassoa, sur un ponton placé à égale distance des deux rives, chacune d'elles étant occupée par des troupes appartenant aux deux nations.

Voici ce que Mézeray raconte au sujet de cet échange :

« Le vice-roi de Naples, le duc de Trajete et « le chevalier de Alarcon, conduisirent le roi « François sur le bord de la rivière, en même « temps que Lautrec amenait les enfants de « France sur le bord opposé. Il y avait au « milieu de la rivière un ponton ou barque, « retenu par des ancres. Le roi, venant d'Es- « pagne, et ses fils, venant de France, péné- « trèrent en même temps dans ce ponton ;

« puis, le roi passa dans la barque de France « et les princes dans celle d'Espagne.... Tous « les assistants pleuraient de voir un père mal« heureux ne racheter sa captivité que moyen« nant celle de ses enfants, et la France échan« ger ses douleurs au lieu de les guérir...... »

Trois ans plus tard, en 1529, le traité de Cambrai (Traité des Dames), racheta les fils de François Ier moyennant la somme de deux millions d'écus d'or, payables de la façon suivante : d'abord 1,200,000 écus comptant, sur la Bidassoa, en échange des princes; puis l'acquit d'une dette de 400,000 écus, contractée par Charles-Quint envers Henri d'Angleterre, et enfin remise d'un reliquaire, contenant un morceau de la vraie croix, engagé par le père de l'empereur contre un prêt de 50,000 écus. Pour les 400,000 écus restant, l'Espagne ne les exigeait qu'après l'expiration d'un certain délai.

Dans ses mémoires, Martin du Bellay a rapporté ainsi la mise à exécution du traité de Cambrai sur la Bidassoa :

« A mi-chemin de Fontarabie et de Hendaye, « il fut placé un bac en forme de ponton..... « Il fut ordonné qu'il y aurait, au milieu du dit

« ponton, une barrière, à ce qu'arrivant les « bateaux aux côtés, les Français passeraient « d'un côté de la barrière et les Espagnols de « l'autre....... Et devait, Monseigneur le « grand-maître, partant de Saint-Jean-de-Luz, « pour venir au dit lieu de Hendaye, pour la « sûreté de son argent, avoir escorte de quatre « compagnies de gens à pied et 200 chevaux; « et le connétable de Castille, sur la rive oppo- « sée, pareilles forces pour la garde de Mes- « sieurs. Et serait permis à Monseigneur le « grand-maître d'envoyer six gentilshommes « français dans le pays de Navarre et Biscaye « pour connaître si aucune assemblée s'y ferait; « et devait avoir pareil nombre de gentilshom- « mes en France le connétable de Castille. Plus « cela, fut permis que les Français pourraient « envoyer librement des courriers en Espagne, « et les Espagnols en France. Et le passage de « la rivière devait se faire ainsi : il devait y « avoir une barque, dans laquelle seraient pla- « cés les 1,200,000 écus d'or et le reliquaire, « avecques les quittances du roy d'Angleterre, « au côté de devers le bourg de Hendaye, et « devait y être dedans le seigneur de Montmo-

« rency, grand-maître de France, douze gentils-« hommes avecques lui, armés d'épées et de « poignards, sans autres armes, et douze ra-« meurs.

« Puis devait y avoir une autre barque fran-« çaise à l'embouchure de la rivière, et aussi « une espagnole, pour reconnaître, chacune de « sa part, si rien s'innovait du côté de la mer. « Et au-dessus de la rivière, devers Béhobie et « Santa-Maria, devait pareillement avoir deux « barques pour égale sûreté. Puis, devait y « avoir, devant Fontarabie, une barque de « pareille grandeur que celle où seraient les « 1,200,000 écus d'or ; et, dans cette dite bar-« que, devait y avoir du fer, en raison de la « pesanteur des écus, ainsi que le connétable « d'Espagne et Messieurs les enfants, avec « douze gentilshommes espagnols, ayant l'épée « et le poignard, et douze bateliers tirant la « rame. . . . . . Puis devait y avoir autres deux « bateaux ; en l'un six gentilshommes français « et deux espagnols, conduits par six bateliers « français, lesquels auraient la charge à l'em-« barquement devers Fontarabie de visiter si « les Espagnols auraient autres armes que cel-

« les qui avaient été ordonnées, ou autre plus « grand nombre d'hommes.

« Pareillement un autre bateau auquel étaient « six gentilshommes espagnols et deux français, « fesant pareil effet du côté de Hendaye.

« La reine Eléonor devait être dans une autre « barque sur la main droite de Messieurs les en- « fants, accompagnée du cardinal de Tournon et « de dix gentilshommes français, et le seigneur « de Prat avecques dix espagnols. En une autre « barque suivant, seraient les dames de la « reine. Puis y devait avoir deux galions fran- « çais et deux espagnols en mer, dont les Fran- « çais devaient être du côté de Saint-Sébastien « et les Espagnols devers Saint-Jean-de-Luz, « pour voir si de côté et d'autre viendraient « quelques navires ; et les bateliers qui condui- « saient la reine, ne devaient voguer que à « mesure de ceux conduisant Messieurs. Et « devait être toute l'artillerie de Fontarabie « démontée, et pour cet effet devait y avoir « deux gentilshommes français dans la dite « ville. »

Eh bien, malgré tant de précautions et de minuties ridicules, l'échange faillit échouer.

Le 1er juillet (26 mai d'après les auteurs espagnols) 1530, le grand-maitre de France avait fait ranger, à Hendaye, en face de Fontarabie, 32 bêtes de somme, portant les 1,200,000 écus d'or, lorsqu'il apprit que, sans avis aucun, et sur de faux renseignements sans doute, le connétable de Castille avait fait ramener vers Saint-Sébastien les fils du roi de France. Montmorency envoya un de ses écuyers au connétable pour le sommer de faire son devoir, le menaçant de l'accuser publiquement de félonie.......

Le traité de Cambrai fut exécuté néanmoins le jour même dans les formes prévues et sans aucun autre incident. Les fils de France furent débarqués à Hendaye, au milieu de l'allégresse générale et conduits à St-Jean-de-Luz, dans la litière de la reine. Dans cette ville, ils furent reçus par toute la population, à la lueur des torches.

François Ier, qui s'était mis en route pour venir au devant d'eux, les rencontra sur la route de Bazas, à un endroit qu'on nomme l'Abbaye, sur le territoire de la commune de Captieux (Gironde). C'est en cet endroit que fut célébré le mariage du roi de France avec la sœur de l'empereur Charles Ier d'Espagne (V d'Allemagne).

On voit, par cette relation historique, que la Bidassoa n'était pas une propriété exclusive de l'Espagne, et que les eaux du petit fleuve étaient considérées comme neutres, dans les grandes circonstances.

En novembre 1615 eut lieu sur la Bidassoa l'échange d'Anne d'Autriche, fiancée de Louis XIII et d'Elisabeth de France, fiancée de Philippe III.

Cet échange fut opéré également sur un ponton, placé dans les eaux du fleuve, à égale distance des deux rives.

A l'occasion du mariage de Louis XIV avec l'infante d'Espagne, Marie-Thérèse, fille de Philippe IV, que précéda d'un an le traité de paix des Pyrénées, la Bidassoa fut encore une fois le terrain neutral sur lequel les représentants de la France et de l'Espagne discutèrent les intérêts et les droits des deux pays.

Non loin du pont de Béhobie, en face des ruines d'un château-fort, qui fut, dit-on, construit en 1203 par ordre du roi de Castille, Alphonse VIII, se trouve au milieu de la Bidassoa une petite île, restée célèbre dans l'histoire et connue sous le nom d'*Ile des Faisans* ou *de la Conférence.*

En 1659, on construisit sur cette île une sorte de pavillon muni de galeries couvertes, aboutissant l'une et l'autre à un pont de bateaux reliant chaque bord du fleuve. Dans ce pavillon se réunirent en conférence le cardinal Mazarin, assisté de son secrétaire, M. de Lionne, et le ministre espagnol D. Luis de Haro, assisté du chevalier Colona. Là, durant quatre ou cinq mois, furent presque chaque jour aux prises les deux illustres politiques. Là, se signèrent les préliminaires du traité des Pyrénées, qui mit fin aux guerres désastreuses qui divisaient les deux pays.

Le traité fut solennellement juré dans l'île des Faisans, le 6 juin 1660, entre les deux monarques, à genoux, et la main sur l'Evangile, en présence des deux cours. On raconte que, pendant la messe, le roi d'Espagne ayant aperçu M. de Turenne, il ne put s'empêcher de s'écrier, de façon à ce que tous l'entendissent : « Voilà un homme qui m'a bien souvent ôté le « sommeil ! »

Déjà, le 3, avait eu lieu, à Fontarabie, le mariage civil de Louis XIV et de l'Infante. D. Luis de Haro et l'évêque de Fréjus furent les fondés de pouvoir des illustres contractants. Le 7, le roi de France alla, suivi des grands de sa cour, chercher l'Infante dans l'île des Faisans, et se rendit avec elle à Saint-Jean-de-Luz, où le mariage définitif fut célébré le 10, au milieu d'une pompe et d'une magnificence bien dignes du grand roi et de celle qui devenait son épouse.

Conformément au traité du 2 décembre 1856, l'île des Faisans, déclarée propriété commune à l'Espagne et à la France, a été ornée plus tard d'un monument commémoratif, édifié aux frais des deux pays, sur le même modèle que celui qui fut érigé en 1660, et que le temps et les hommes avaient détruit.

Ce monument est orné de l'inscription suivante, en espagnol et en français :

EN MÉMOIRE
DES CONFÉRENCES DE MDCLIX,
PAR LESQUELLES
LOUIS XIV ET PHILIPPE IV,
PAR UNE HEUREUSE ALLIANCE,
MIRENT FIN

AUX GUERRES QUI DIVISAIENT
LES DEUX NATIONS,
CETTE ÎLE FUT RESTAURÉE
PAR NAPOLÉON III, EMPEREUR DES FRANÇAIS
ET
ISABELLE II, REINE DES ESPAGNES,
L'AN MDCCCLVI.

—

EN MEMORIA
DE LAS CONFERENCIAS DE MDCLIX,
POR LAS CUALES
FELIPE IV Y LUIS XIV,
CON UNA FELIZ ALIANZA,
PUSIERON TÉRMINO
A UNA EMPEÑADA GUERRA
ENTRE SUS DOS NACIONES,
RESTAURARON ESTA ISLA
ISABEL II, REINA DE LAS ESPAÑAS
Y
NAPOLEON III, EMPERADOR DE LOS FRANCESES,
EN EL AÑO MDCCCLVI.

Le pont de Béhobie, en bois, est aussi la propriété des deux pays ; chacun est obligé d'entretenir en bon état la part qui touche sa frontière.

En amont, sur la rive française, se trouve le

petit bourg de Biriatou, pittoresquement posé sur une colline dominant à pic la Bidassoa. En face, du côté de l'Espagne, se trouvent La Puncha et Lastaola, deux points qui ont été fréquemment cités durant la dernière guerre carliste. A quatre kilomètres plus loin, en suivant la rive gauche du cours d'eau, sur une belle route qui conduit en Navarre, l'on trouve le village de Enderlaza. Le pont de fer qui traversait la Bidassoa, sur ce point, fut détruit en avril 1873, par le célèbre curé Manuel Santa-Cruz, lequel fit à la même époque fusiller impitoyablement vingt-sept malheureux *carabineros* qu'il venait de faire prisonniers au pont même d'Enderlaza, où ils s'étaient fortifiés.

Les montagnes espagnoles qui bordent la Bidassoa sont très-riches en minerai. Deux puissantes Sociétés exploitent les mines d'Enderlaza, dont les produits sont conduits au moyen d'un chemin de fer aérien jusqu'auprès de Lastaola, d'où ils sont transportés ensuite jusqu'à Irun, à l'aide des wagonnets d'un tramway.

La *peña* du Haya ou des Trois-Couronnes se dresse majestueusement au-dessus des contreforts dont la Bidassoa baigne la base. Cette montagne a une altitude d'environ 900 mètres au-dessus du niveau de la mer. Elle est percée en certains endroits par d'immenses galeries dont on attribue l'œuvre aux Romains. Un torrent, produisant le plus bel effet, descend du flanc de la *peña* et se jette, bondissant de roche en roche, dans une sorte de ravin formé par la montagne de San Marcial et les collines de Santa Elena ; — à certains endroits l'on dirait une lame d'argent en constant mouvement sur le flanc rouillé de la *peña.*

La montagne de San Marcial a pris son nom de l'ermitage qui la couronne. Le 1er juillet 1522, un sanglant combat fut livré entre Français et Espagnols sur le flanc de cette montagne ; l'avantage resta à ceux-ci, et c'est en honneur de leur victoire qu'ils dédièrent à saint Marcial, dont c'était ce jour-là la fête, la petite chapelle existant encore aujourd'hui.

Le 1er août 1794, un autre combat eut lieu au même endroit, entre les soldats de la République, aux ordres de Moncey et de Laborde, et les troupes espagnoles commandées par le comte de Colomera. Le général Dessein franchit le gué de Béhobie et attaqua de front les batteries qui couvraient le camp de San Marcial, pendant que le général Muller tournait la position du côté de Lastaola. Le camp fut enlevé, et l'armée de Colomera, mise en déroute, ne dut son salut qu'au dévouement des bataillons wallons et des régiments de Reding et d'Ultonia, qui, appuyés par le bataillon provincial de Tuy, couvrirent la retraite et se firent écharper aux environs d'Oyarsun.

L'occupation du camp de San Marcial détermina la capitulation de Fontarabie, qu'assiégeait Fregeville, la prise de Passages, qui eut lieu le 3 août, celle de Saint-Sébastien, qui eut lieu le 4, et celle de Tolosa, le 5 du même mois.

Le 31 août 1813, dans le but de dégager le général Rey, enfermé dans Saint-Sébastien, le maréchal Soult ordonna à Villate et à Reille, cantonnés entre Biriatou et Béhobie, d'attaquer la formidable position de San Marcial, occupée par les Anglo-Espagnols, que commandait le général Manuel Freire.

Depuis l'aube jusqu'au soir, les troupes françaises attaquèrent cinq fois, formées en colonne d'assaut; mais leur bravoure ne put venir à bout des difficultés de l'entreprise.

L'ermitage de San Marcial était converti en une véritable forteresse, entouré de tranchées et de parapets à l'abri desquels les défenseurs faisaient des ravages sans nombre dans les rangs des assaillants.

Dans cet ermitage, en souvenir de leur succès, les Espagnols placèrent, le 30 juin 1815, sur l'un des côtés de l'autel, l'inscription suivante, incrustée dans une plaque de marbre noir :

Pour perpétuer la mémoire du glorieux triomphe remporté sur les Français le 31 août 1813, par le 4e corps d'armée, aux ordres du général Freire, la ville d'Irun érigea ce monument le 30 juin 1815, sous le règne de Fernando VII. L'histoire rapportera, en honneur de l'Espagne, la gloire de ce fait d'armes.

Au centre de la petite chapelle se trouve un sépulcre, recouvert par une dalle en marbre noir, portant cette inscription presque effacée :

Ce sépulcre renferme les restes des héros morts dans la bataille du 31 août 1813. La ville d'Irun fit ce religieux dépôt en 1815.

Pour être complète, l'inscription devrait dire si ce sont les cendres des Espagnols ou des

Français qui sont dans le sépulcre, et auxquels s'applique le titre de héros. En effet, quels furent les héros, dans cette sanglante journée? Les vainqueurs, qui combattirent à l'abri des parapets, ou les vaincus, qui attaquèrent cinq fois des positions inaccessibles, méprisant la mort et n'obéissant qu'au devoir ?

Un peu en arrière de San Marcial, vers la Bidassoa, se voient les restes de la batterie royale, de laquelle partit le premier coup de canon tiré sur Irun par les carlistes, le 4 novembre 1874, à sept heures du matin.

Don Carlos vint ce même jour recevoir les félicitations de ses volontaires...... La distance et le bruit l'empêchèrent d'entendre les malédictions des habitants d'Irun, dont il faisait si inutilement détruire les demeures.

La batterie des mortiers carlistes, qui fit beaucoup plus de mal à la ville que les Vavasseurs et les Withworth, était à Ybaeta, petit monticule situé entre San Marcial et Irun.

Le petit village de Béhobie (côté d'Espagne) n'est, en somme, qu'une agglomération de quelques maisons à moitié détruites durant la dernière guerre, toutes portant plus ou moins des traces de projectiles. La route qui conduit de Béhobie à Irun a été diverses fois, durant cette guerre, le théâtre de sanglants combats entre libéraux et carlistes.

IRUN.

Après avoir franchi la Bidassoa, la voie ferrée traverse un marais peu étendu, puis coupe une petite colline avant d'arriver à la station d'Irun.

Une différence de largeur (0m,20) existant entre la voie française et la voie espagnole, les trains venant de France poursuivent leur route jusqu'à Irun, et ceux venant d'Espagne conduisent les voyageurs à Hendaye. Le transbordement se fait durant le déchargement des bagages, lesquels sont livrés aux investigations minutieuses de la douane. Tout est visité, malles, sacs de nuit, cartons à chapeaux, au grand désespoir des dames, qui voient fouiller et retourner impitoyablement les mille objets de leurs fragiles toilettes.

L'heure officielle des chemins de fer du Nord

de l'Espagne est en retard de 25 minutes sur celle des chemins de fer du Midi de la France.

La station d'Irun a une grande importance comme tête de ligne; située à un kilomètre environ de la ville, un service de voitures transporte les voyageurs et leurs bagages. Dans la salle même de distribution des billets, à la gauche du guichet, se trouve un bureau de change de monnaies *(cambio de monedas)*, où les personnes allant vers l'intérieur de l'Espagne feront bien de s'adresser, si elles veulent s'éviter les désagréments d'une forte perte à la monnaie.

Un buffet, parfaitement servi à la française, est établi dans la gare d'Irun. On a le temps d'y bien manger, pendant que se forment les trains et qu'on décharge les bagages ou les marchandises procédant de France.

La formalité des passeports, sévèrement exigés sur la frontière d'Espagne, ne doit pas être méconnue des voyageurs. Il est toujours prudent d'avoir un document qui constate l'identité et la nationalité, afin de pouvoir l'exhiber à réquisition.

La petite ville d'Irun n'a rien de bien curieux à montrer aux touristes. Sa situation de ville frontière en a fait un centre de trafic important. Elle possède une administration centrale de douanes, une administration postale et un bureau télégraphique.

La *Casa consistorial* ou mairie a une belle façade; le bâtiment situé à sa gauche, sur la place de la Constitution, et que l'on désigne sous le nom de *Palacio de Doña Vicenta,* est une solide construction qui ne manque pas d'une certaine beauté. C'est la propriété de M. Tirso Olazabal, un des plus ardents partisans de la cause carliste. Ces deux édifices eurent beaucoup à souffrir du bombardement de novembre 1874.

La petite colonne surmontée d'un saint Jean-Baptiste et flanquée d'armoiries, que l'on voit à l'angle de la place de la Constitution et de la rue qui descend vers Béhobie, a une curieuse origine. En 1476, le sire d'Albret, envoyé par Louis XI, pénétra en Espagne pour soutenir les droits de la princesse Jeanne, fille de Henri IV (la Beltraneja). Les Français occupèrent Irun, Oyarsun, Renteria, etc., assiégèrent Fontarabie et Saint-Sébastien, mais se retirèrent lorsque la princesse fit abandon de ses droits à la couronne. Le 24 juin 1476, l'arrière-garde du sire d'Albret, dont l'armée était déjà en France, fut surprise dans Irun par les forces provinciales du Guipuzcoa et mise en fuite après avoir perdu bon nombre des siens. C'est en commémoration de ce fait d'armes que la petite colonne surmontée de saint Jean-Baptiste fut élevée sur le lieu même du combat.

L'église paroissiale d'Irun, sous le vocable de N. D. du Juncal, fut édifiée en 1508. L'intérieur de cet édifice est somptueux, comme le sont, du reste, tous ceux des églises basques. Les sépultures qu'on remarque en entrant sous le porche sont celles du général de marine Zubiaur et de son épouse. Dans la sacristie de l'église se trouve une fontaine d'eau vive, qui fut d'une grande utilité aux défenseurs de la ville, durant les divers siéges qu'elle eut à soutenir.

En 1836 et 1837 Irun fut au pouvoir des carlistes. Elle leur fut enlevée d'assaut, par les forces du général Evans et les *chapelgorris* de Guipuzcoa.

Dans la dernière guerre elle fut constamment bloquée par les *guerrillas* du prétendant. Elle soutint un bombardement de sept jours (4-11 novembre 1874), défendue seulement par quelques compagnies de troupes de ligne, deux compagnies de miquelets et les volontaires sous les ordres du coronel Arana, actuel gouverneur militaire de la place. Les fortins *del Parque* et de *Mendivil*, armés chacun de deux canons, furent démantelés dès le premier jour ; le lendemain, les pièces furent démontées.

Sur la frontière française, il y avait une foule considérable de curieux, venus de fort loin pour assister au bombardement de la malheureuse petite ville. La Compagnie des Chemins de fer du Midi avait dû organiser des trains supplémentaires pour les transporter.

Bien que dans Irun les dégâts ne fussent pas en rapport avec le bruit fait par les assiégeants, ils n'en étaient pas moins très-importants. Quelques incendies s'étaient déclarés et l'on avait pu difficilement les éteindre.

Don Carlos et plusieurs princes de la maison de Bourbon se trouvaient, le 6 novembre, dans les batteries de San Marcial. L'assaut de la ville fut décidé et l'on tira au sort pour savoir quels bataillons formeraient la colonne d'attaque. Evidemment les carlistes, quoique forts d'environ huit mille hommes, se faisaient illusion sur le degré de résistance que les défenseurs d'Irun pourraient opposer. Ils hésitèrent et perdirent un temps précieux car, pendant qu'ils couvraient Irun de projectiles, une armée libérale débarquait à Saint-Sébastien et au Passage avec les généraux La Serna, Loma et Portilla.

Le 10 novembre, les miquelets du capitaine Dugiol occupaient la formidable position de San Marcos, ce qui permettait à La Serna de menacer le flanc des positions carlistes du côté d'Oyarsun. Le lendemain, le général Portilla, longeant le Jaizquibel, occupait Gainchurisqueta, et les carlistes, débordés, enlevaient précipitamment leur artillerie de San Marcial et de Ibayeta. Le soir même, l'avant-garde des libéraux entrait dans Irun.

L'armée du général La Serna déshonora son succès par les actes de vandalisme dont elle se rendit coupable : elle incendia plus de cent fermes *(caserios)*, entre Renteria et la frontière. Voici ce qu'écrivait à cet égard, au journal *Le Temps,* son correspondant spécial, M. de Coutouly :

« Il est juste d'ajouter que les incendies très-
« nombreux qui ont éclairé la victoire de l'ar-
« mée libérale ont aussi beaucoup nui à la ré-
« putation de celle-ci. Je vous ai déjà dit com-
« bien ces incendies ont affligé le général La
« Serna et son état-major. Quelques exemples
« sévères suffiront pour dégager la responsabi-
« lité du général en chef, qui est le meilleur
« homme du monde, conservateur s'il en fut, et
« très-ennemi du régime de la Terreur ; mais
« il est impossible de nier qu'en brûlant tant
« de maisons sur son passage, au mépris des
« ordres sévères émanés du quartier général,
« l'armée elle-même a gâté, enlaidi son triom-
« phe..... »

Les carlistes firent retomber sur le général Ceballos, qui commandait en Guipuzcoa, la responsabilité de leur insuccès devant Irun. Ce chef fut traduit devant un conseil de guerre qui l'acquitta.

Depuis la fin de la guerre, Irun a repris son activité d'autrefois. Les dégâts qu'elle a subis disparaissent peu à peu et bientôt il n'en paraîtra plus rien. La population totale de cette ville s'élève aujourd'hui à environ cinq mille âmes.

Jusqu'en 1766, Irun fut une des localités relevant administrativement et judiciairement de Fontarabie, qui était alors le chef-lieu d'un district important.

FONTARABIE.

A deux kilomètres en aval de la station d'Irun se dresse pittoresquement la petite cité (*ciudad*) de Fontarabie. L'étymologie basque de son nom, *Ondarrabia,* a été longtemps recherchée. On en est arrivé aujourd'hui à dire qu'il signifie : *ruisseau abondant en sable.*

Par les services qu'elle a rendus à l'Espagne, Fontarabie mérita les titres de *Très-noble, Très-loyale, Très-valeureuse et Toujours fidèle,* qui lui furent successivement octroyés par les rois de Castille et qui forment la légende de son écusson.

Son origine historique remonte au dixième siècle, mais il est hors de doute qu'elle existait avant cette époque, comme dépendance de la vallée d'Oyarsun, ainsi qu'elle fut désignée plus tard, dans la délimitation des évêchés de

Bayonne et de Pampelune (980-1027). Le roi Alphonse VIII, après l'union volontaire du Guipuzcoa à sa couronne, érigea Fontarabie au rang de cité, la fit fortifier et lui donna administrativement tout le territoire compris entre la Bidassoa et le ruisseau d'Oyarsun, avec la montagne du Haya pour limite du côté de la Navarre.

Comme toutes les villes importantes de la province, Fontarabie eut droit à l'envoi d'un député spécial auprès du gouvernement de Madrid. Elle fit et défit ses traités spéciaux avec la Navarre en 1245 et en 1293; en échangea divers avec Bayonne et Saint-Jean-de-Luz alors au pouvoir de l'Angleterre, ainsi qu'il résulte de documents ayant différentes dates, de 1309 à 1420.

Placée en sentinelle avancée sur la limite extrême de la frontière espagnole, Fontarabie a eu à supporter le premier choc de toutes les attaques venant de France. Elle a soutenu des siéges mémorables, entr'autres ceux des années 1476, 1521, 1638, 1719 et 1794. Ses fortifications furent plusieurs fois détruites, puis réédifiées. En ce moment, elles ne sont que des ruines.

Louis XI de France, ayant conclu un traité d'amitié avec le roi d'Aragon, aida ce prince dans sa lutte contre Ferdinand et Isabelle et envoya Alain d'Albret et Ivon du Fou envahir le Guipuzcoa en 1476.

Les Français assiégèrent Fontarabie, que défendaient des milices volontaires basques, aux ordres de D. Diego de Sarmiento. Le blocus de la place dura environ quatre mois, après lesquels une trève intervint, qui fut violée par les Basques le 24 juin, lorsqu'ils attaquèrent, par surprise, l'arrière-garde d'Alain d'Albret.

En 1521, Bonnivet, venant d'occuper toutes les places fortes de la frontière échelonnées entre St-Jean-Pied-de-Port et la mer, mit le siége devant Fontarabie, qui lui opposait résistance. Un premier assaut fut repoussé par la garnison, mais les assiégés n'en attendirent pas un second, et demandèrent à capituler, découragés sans doute par le manque de secours que l'Espagne promettait et ne leur envoyait pas.

Bonnivet jeta dans la place le capitaine de Lude, avec une bonne garnison, et se retira vers Bayonne pour y refaire son armée. A son tour, de Lude fut assiégé par les Basques du

Guipuzcoa. Après un an de blocus et de constante lutte, les Français furent réduits aux dernières extrémités de la famine.

Le maréchal de Chabannes vint les secourir, mais au lieu de laisser de Lude dans la place, après l'avoir ravitaillée, il y plaça Franget, qui la rendit aux Espagnols en novembre 1523, ne sachant pas la défendre.

En 1638, Condé fut chargé de pénétrer en Guipuzcoa avec une armée de vingt-cinq à trente mille soldats, pendant que François de Sourdis, archevêque de Bordeaux, opérerait sur les côtes de la Biscaye avec une puissante flotte.

Le 1er juillet de la dite année, le prince franchit la Bidassoa, occupa Irun, et envoya le chevalier Despenan s'emparer du Passages, mission dont ce dernier s'acquitta parfaitement; puis il mit le siége devant Fontarabie, qui était défendue par une garnison de 900 hommes.

Par suite de rivalités existant entre le duc de La Valette et l'archevêque, la désunion et la mésintelligence se glissèrent dans les rangs des assiégeants. Condé, manquant d'énergie, menait le siége avec lenteur, et tout faisait présager un mauvais résultat à l'entreprise, d'autant mieux que les assiégés se défendaient avec une grande énergie, enthousiasmés par D. Diego de Butron, alcalde de la ville, et par le gouverneur Eguia.

C'est pendant ce siége que la flotte espagnole, forte de douze vaisseaux et huit galions, qui venait au secours de Fontarabie sous les ordres de l'amiral Lope de Hoces, fut brûlée par de Sourdis, dans la baie de Guétaria (22 août 1638).

Les assauts contre la place furent tous vigoureusement repoussés, et finalement, le 7 septembre, l'armée française dut repasser la Bidassoa, abandonnant un important matériel de siége, et perdant, en outre, plus de deux mille hommes dans la retraite.

Le duc de La Valette fut condamné, par contumace, à avoir la tête tranchée, comme coupable de trahison.

Le maréchal de Berwick prit Fontarabie, le 17 juin 1719, après un siége de trois semaines.

En 1794 (le 1er août), Frégeville reçut les clefs de Fontarabie qui capitulait après un bombardement de huit jours, mené avec vigueur depuis le fort de Hendaye.

Onze ans plus tard, un décret royal séparait

Fontarabie de la province de Guipuzcoa (26 septembre 1805) et l'incorporait à la Navarre. Le 1er octobre 1810, Napoléon Ier annula ce décret.

L'aspect actuel de cette ville est assez pauvre. La plupart de ses édifices sont en ruines, mais il existe dans la grande rue quelques belles demeures. Sur la place se trouve l'antique palais de Charles-Quint, vaste construction carrée, sans architecture, percée çà et là de baies irrégulières, couverte par une plate-forme que supportent de puissantes voûtes. On attribue la construction de cet édifice à Sancho Garcia, qui fut roi de Navarre, sous le nom de Abarca Ier (Xe siècle). L'hôpital et la *Casa consistorial* ont été édifiés vers le milieu du siècle dernier.

L'église paroissiale n'est pas dépourvue d'un certain mérite architectural. Comme dans tous les temples du pays basque, les autels sont chamarrés d'ornements et couverts de dorures. Les sculptures du maître-autel sont fort belles, quoique chargées de couleurs un peu vives et criardes.

Dans la sacristie se trouvent quelques meubles antiques servant de chasubliers, et des bas-reliefs en bois détachés l'on ne sait d'où, à demi rongés par le ver, qui pendent accrochés à la muraille, dans le plus déplorable désordre, mais qui sont, suivant l'expression d'un artiste de talent qui les vit l'an passé, de véritables Rubens sculptés.

Du balcon de cette sacristie l'on jouit d'un point de vue admirable. L'on a, à ses pieds, la Bidassoa et ses sables mouvants ; en face, Hendaye et les coteaux de la Croix-des-Bouquets ; à gauche, la mer, se brisant sur les roches de la côte ; à droite, la petite plaine d'Irun, entrecoupée de chenaux, et la chaîne dentelée des Pyrénées, sur le profil de laquelle se détachent les masses imposantes de La Rhune, du Mandal et du Haya.

Entre Fontarabie et la mer se dresse le mont Jaizquibel (mont Oiarso des Romains), dont l'une des ramifications, s'allongeant vers le nord, forme le cap Figuier, à l'extrémité duquel se trouve la petite île d'Amuco. Dans un des replis du promontoire, à l'embouchure même de la Bidassoa, se voient les ruines de l'ancien fort Figuier, détruit en 1638 par la flotte française.

C'est à mi-côte du Jaizquibel, environ à deux kilomètres de Fontarabie, que se trouve le célèbre ermitage de la Guadalupe, lieu de grande vénération parmi les populations maritimes de la côte basque. Durant la dernière guerre, la vierge de la Guadalupe fut transportée dans l'église de Fontarabie par les volontaires libéraux. Au mois de novembre 1874, les carlistes mirent accidentellement le feu aux bâtiments attenant à l'ermitage, lesquels sont aujourd'hui reconstruits.

La population de Fontarabie est d'environ 3,000 habitants, en y comprenant le quartier de la Marina, lequel est entièrement peuplé de pêcheurs.

Hors des murs actuels de la ville, c'est-à-dire à gauche de la porte du chemin d'Irun, existe depuis quelques années une magnifique habitation entourée de terrasses complantées d'ombrages : c'est le Casino-Kursaal de Fontarabie, propriété d'une Société dirigée par M. Dupressoir, ex-fermier des jeux à Bade, à laquelle la ville, la province de Guipuzcoa et le gouvernement espagnol ont concédé le privilége des jeux pour trente années.

Momentanément ce Casino est fermé au public, par suite des mesures extraordinaires de l'état de siége sous lequel se trouvent placées les provinces basques.

RENTERIA.

La locomotive a vite traversé les dix kilomètres qui séparent Irun de Renteria. La voie coupe diverses fois la route nationale entre ces deux points et perce la colline de Gainchurisqueta au moyen d'un tunnel d'environ six cents mètres de longueur.

Renteria, l'antique Orereta, est bâtie sur la rive gauche du ruisseau l'Oyarsun, à un kilomètre environ du port de Passages. Cette ville eut jadis une grande importance commerciale à cause de sa situation avantageuse. On y construisait des navires de fort tonnage et des gréements pour la marine de guerre. Les guerres franco-espagnoles du XVe et du XVIe siècles causèrent sa ruine car, placée pour ainsi dire à égale distance de deux places fortes, Fontarabie et Saint-Sébastien, elle eut à supporter les déprédations des envahisseurs et souvent aussi celles de ceux qui eussent dû la défendre.

Mais, ce qui a le plus contribué à la ruine de Renteria, c'est l'ensablement ou envasement de la rivière d'Oyarsun, dont l'embouchure sur la baie de Passages lui servait de port. Cette circonstance est attribuée, avec raison, au déboisement des montagnes qui avoisinent la petite rivière, laquelle, dans les grandes pluies, se trouve transformée en un torrent boueux.

Aujourd'hui, Renteria vit seulement du produit de l'industrie linière. Elle compte trois fabriques de toiles, l'une d'elles fort importante, dirigée par MM. Londaiz. Sa population est d'environ 2,800 âmes. Comme monuments, elle ne possède que son église paroissiale, qui date du XVIe siècle, peu remarquable comme architecture, sa *Casa consistorial* et un vieux bâtiment surmonté des *almenas,* de l'art arabe, qui le font ressembler de loin à une forteresse du moyen-âge. Les façades des anciennes demeures sont ornées d'écussons plus ou moins surchargés d'allégories.

Un chemin relie Renteria à Hernani, par un embranchement qui aboutit à la *venta*, entre

Oyarsun et Astigarraga. Un autre, qui passe à la station du chemin de fer, conduit à Lezo, et un autre, enfin, se dirige vers Oyarsun, en remontant parallèlement le cours de la rivière qui porte ce nom.

A peu de distance de Renteria, sur une langue de terre qui s'avance dans la baie de Passages, se trouve l'importante fonderie de plomb argentifère de *Capuchinos*, appartenant à la *Real Compañia Asturiana*, laquelle tire principalement son minerai des mines de San Narciso, situées entre Irun et Renteria, au pied des montagnes du Haya.

LEZO.

Cette petite localité, peuplée de 900 habitants environ, est assise au pied du mont Jaizquibel, à courte distance de la station de Renteria; l'une de ses deux églises est depuis longtemps fermée au culte, mais l'autre est célèbre en Guipuzcoa par les pèlerinages qui s'y font, notamment celui du 14 septembre, fête de l'Exaltation de la Croix. L'intérieur de ce petit temple est relativement d'une grande richesse. La grille en fer forgé qui sépare le chœur de la nef est de dimension colossale. Aux murs pendent des *ex-voto,* des béquilles, des crosses, des jambières, etc., etc.

La chapelle du *Santo Cristo de Lezo* est, sans contredit, la plus riche de la province comme revenu casuel.

La population de ce village est dédiée aux travaux de l'agriculture et à la pêche.

Un sentier pittoresque conduit de Lezo à Passages, en contournant la baie ; ce sentier, autrefois chemin pavé, a été longtemps l'unique voie de communication entre Passages et la frontière, par Lezo, Gainchurisqueta et la *venta* d'Irun.

Lezo est la patrie de Martinez de Isasti, historien du Guipuzcoa (1570 à 1630).

OYARSUN (VALLÉE D').

Cette vallée est composée d'un groupe de villages assis dans une sorte d'immense cuvette formée par les montagnes d'Urcabe et d'Aréchulégui. Les principaux de ces villages ou *barrios* sont Alcibar, Carrica, Ergoyen et Iturriotz, au centre desquels se trouve Oyarsun.

Quelques auteurs ont écrit que l'actuel Oyarsun était un ex-*barrio* de la vallée nommé Elisalde, mais ils semblent avoir commis là une erreur, car, d'après une carte de la province dressée en 1770 par D. Tomas Lopez, ingénieur du roi, le *barrio* d'Elisalde était situé à un quart de lieue plus au nord que l'église de la ville de Oyarsun proprement désignée.

La route nationale qui va d'Irun à Madrid passe à Oyarsun, après avoir laissé à sa droite l'embranchement qui, de la *venta* d'Irun, conduit à Renteria et Saint-Sébastien.

A l'époque de la domination romaine en Hispanie, pendant les guerres de la grande République contre les Celtibériens, les montagnes avoisinant Oyarsun — (Oyarso) (Olearso) — furent exploitées par les conquérants, qui en tirèrent du fer, du plomb, de l'argent et du cuivre.

On retrouve dans ces montagnes les traces de travaux gigantesques qui, d'après les calculs d'hommes pratiques, ont dû occuper d'innombrables ouvriers pendant de longues années. Vers Aréchulégui, sorte de hameau perché sur l'un des piédestaux du Haya, se trouvent des galeries de mines abandonnées, qui ont dû être exploitées pendant des siècles entiers. Ces galeries s'enfoncent horizontalement dans le sein de la montagne, se divisent en rameaux interminables, qu'entrecroisent d'autres galeries, ou s'arrêtent brusquement devant des précipices sans fond.

C'est près d'Aréchulégui qu'on trouve aussi les vestiges d'une grande voie romaine allant vers la Navarre, par le col de Vianditz. Dans la vallée, non loin de l'antique ermitage d'Andrearriaga, on voyait, il y a peu d'années encore, un sépulcre de création romaine, avec une inscription latine, rendue illisible par le temps, et dans lequel l'on rencontra des armes en cuivre, des poteries et quelques monnaies d'argent à l'effigie d'Octave-Auguste.

Sur les rochers d'Arcalc, entre Oyarsun et les collines boisées de Gainchurisqueta, existent les ruines du château-fort de Veloaga (ou Feloaga), manoir qui dut avoir une grande importance, si l'on en juge par les amas de matériaux qui couvrent ses abords, et surtout par la position avantageuse qu'il occupait.

Durant la guerre civile qui ensanglanta la péninsule de 1833 à 1840, Oyarsun fut tour à tour occupé par les libéraux et les carlistes. En 1834, Jauregui, qui commandait les *christinos* défit, à Oyarsun, un corps d'armée carliste, laissant le champ de bataille couvert de cadavres. Pendant la dernière guerre, de 1873 à 1876, les environs de cette ville ont été le théâtre de nombreux combats.

C'est contre la *Casa Consistorial* d'Oyarsun, occupée par cinquante miquelets, aux ordres du lieutenant Fernandez, que le curé Santa-Cruz essaya, en juin 1873, la première artillerie carliste, composée d'une unique pièce de quatre, fondue on ne sait trop comment à Vera, laquelle éclata après un maigre service ; ce qui n'empêcha pas le célèbre curé d'écrire à un de ses coreligionnaires politiques, au lendemain de l'attaque d'Oyarsun : « *El cañon ha sido magnifico !* »

L'église paroissiale d'Oyarsun est très-antique, mais elle ne se distingue par aucun genre d'architecture. Dédiée à saint Etienne, la tradition prétend qu'elle a été construite sur l'emplacement de l'ancienne demeure des Lastaun, à la famille desquels avait appartenu le saint.

Oyarsun n'a pas d'industrie ; cependant il existe dans ses environs quelques fabriques de terres cuites, des tuileries et des moulins à farine, qui empruntent au ruisseau de la vallée la force motrice dont ils ont besoin.

La population totale du *valle* de Oyarsun ne dépasse pas 4,500 habitants.

PASSAGES (LES).

Ce port, le plus ancien de la côte cantabrique, a pris son nom de la nécessité dans laquelle on se trouvait de *passer*, à l'aide d'une barque, d'un bord à l'autre du goulet qui met en communication sa baie avec la mer pour aller à Saint-Sébastien en venant de France et *vice-versâ*.

Les groupes de maisons accrochées au flanc de la montagne, de chaque côté du port, sont désignés sous le nom de Passages de San Juan (côté de France) et Passages de San Pedro (côté d'Espagne).

Avant d'être ensablée ou enterrée par les eaux boueuses de l'Oyarsun, la baie de Passages eût offert un asile vaste et sûr à la flotte la plus nombreuse du globe. L'invincible *armada* aurait pu s'y mouvoir à l'aise et en toute sécurité.

Là, en effet, les tempêtes les plus violentes ne se ressentent jamais. La mer, avant de pénétrer dans la baie proprement dite, est obligée d'user ses fureurs et ses violences aux aspérités qui bordent le goulet par où elle doit passer.

Ce goulet, échancrure gigantesque taillée par les siècles entre les monts Jaizquibel et Ulia, est accessible aux navires du plus fort tonnage. L'embouchure est peut-être un peu obstruée vers le nord-est, par quelques roches à fleur d'eau, mais l'ouverture est plus que suffisante néanmoins, dans la direction du nord-ouest au sud-est, et les roches en question sont une garantie contre les vagues : il suffira de les éclairer la nuit, pour les empêcher de nuire à la navigation.

Depuis le mois de février 1870, la province du Guipuzcoa a été autorisée par le gouvernement à exécuter un grand projet de nettoyage et d'amélioration de la baie et du port de Passages. Une Société puissante, dirigée par M. Alonso, de Madrid, a obtenu la concession des travaux, qui sont poussés avec activité et qui seraient déjà fort avancés, si la guerre civile n'était venue les entraver.

Des dragues très-fortes sont employées en ce moment aux premières œuvres. Les boues, placées sur des chalands, sont remorquées jusqu'en haute mer par de petits vapeurs. Ce système de nettoyage, pratiqué avec efficacité dans les ports dont les quais sont bordés et soutenus convenablement, ne saurait donner de bons résultats dans la baie de Passages, par la raison bien simple que les eaux d'écoulement charrient dans cette baie, en une seule journée, plus de boues terreuses que les dragues n'en peuvent sortir dans un même laps de temps. Le plus rationnel serait de détourner ces eaux et de les conduire d'une façon quelconque, au moyen de canaux par exemple, jusque dans le goulet, où le reflux a suffisamment de violence pour les emporter vers la haute mer.

D'un autre côté, le déboisement de la vallée d'Oyarsun contribue considérablement à l'ensablement de la partie de la baie qui se dirige vers Lezo et Renteria. Le ruisseau l'Oyarsun charrie tellement que déjà son lit s'est déplacé plusieurs fois, depuis le commencement de ce siècle. Cette particularité est fort explicable par la nature spéciale du sol et par la rapidité des pentes.

Napoléon Ier, lorsqu'il vit la baie des Passages et le déplorable état dans lequel elle se trouvait, comprit, avec cette vivacité de jugement qui n'appartient qu'au génie, que le plus grand dommage était causé par les eaux de l'Oyarsun. Il eut la pensée de détourner ce ruisseau malencontreux et de le rejeter dans la mer, au moyen d'un tunnel qu'il voulait percer au travers du Jaizquibel, depuis le point connu sous le nom de *Molinos*, situé en face des *Capuchinos*.

Tôt ou tard, on en viendra à ce projet, moins onéreux à coup sûr qu'un dragage continu et sans résultats appréciables.

Quoiqu'il en soit et quoi qu'il advienne, la nature a créé à Passages un port de refuge admirablement situé. Il ne reste plus à l'homme qu'à mettre à profit, avec persévérance et à-propos, l'œuvre de la nature. Des Anglais, des Américains, des Belges ou des Français n'eussent certainement pas attendu jusqu'à cette heure pour cela faire.

La découverte de l'Amérique donna, au XVe siècle, une grande activité au port de Passages. Il était connu à l'époque sous le nom de *Puerto Oiarso*, sans doute parce que son territoire dépendait en partie de la vallée d'Oyarsun, qui plus tard passa dans la juridiction de Fontarabie.

En 1767, Passages devint une ville entièrement indépendante. Elle composa ses armes de deux avirons en croix, sous une fleur de lys, concédée par les rois de France en souvenir des services rendus par les marins de ce port à la flotte française, bloquée par les Anglais devant La Rochelle.

L'aspect de la ville est vraiment pittoresque. Chacun de ses *barrios* est composé d'une rue unique, suivant les sinuosités du goulet sous des arceaux branlants, ornés presque tous de vieux écussons et d'armoiries qui témoignent de l'antique noblesse des habitants.

La vieille église de San Pedro n'a rien de

bien curieux à montrer ; celle de San Juan est plus richement ornée, étant paroissiale. Pendant longtemps, cette église a possédé un étendard royal aux armes de France, enlevé par Don Juan de Ezcorza, marin de Passages, au vaisseau de guerre *Strozzi,* pendant le combat naval des Açores, livré le 25 juillet 1582 entre les flottes espagnole et française.

C'est dans le port de Passages que Lafayette s'embarqua pour aller en Amérique offrir son épée à la cause de l'indépendance des Etats-Unis. La population des deux Passages est de 1,300 habitants.

Il existe, dans le *barrio* de San Juan, une fabrique de porcelaine commune et une grande corderie. Depuis l'an dernier, un industriel de Saint-Sébastien y a établi aussi une fabrique de conserves de poisson.

La Compagnie des Chemins de fer du Nord de l'Espagne a, dit-on, le projet d'augmenter l'importance de la station de Passages et de la doter d'un quai qui permettra aux navires de venir prendre charge le long de la voie ferrée ou d'y décharger leurs cargaisons sans transbordement.

Un vieux fort, à moitié détruit par le temps, couvre l'entrée du port du côté de San Juan ; un autre, construit en 1836 sur le Jaizquibel et portant le nom de *Lord John Hay,* a été réédifié durant la dernière guerre. En face, sur un des pignons du mont Ulia, tout à fait en mer, à l'embouchure du goulet, se trouve le phare de Passages.

A marée basse, la baie, dont l'étendue est fort grande, offre un aspect peu agréable à la vue, à cause des boues qu'elle met à nu ; mais, à l'heure de la haute marée, cette baie, sillonnée de barques, présente un coup d'œil magnifique.

Les femmes de Passages ont eu de tout temps la réputation de bonnes marinières ; le roi d'Espagne Philippe IV, qui les vit en 1660, en prit un certain nombre à sa solde et les envoya à Madrid, où elles avaient mission de promener la cour sur le grand étang du Retiro. Ce sont des femmes qui traversent encore aujourd'hui les voyageurs d'un Passages à l'autre, moyennant une rétribution de deux ou trois *cuartos ;* elles manient admirablement l'aviron et méritent bien la réputation qu'on leur a faite.

Un chemin contournant la baie conduit du *barrio* de San Pedro à la grande route de Saint-Sébastien, qu'on rejoint un peu avant la côte de Mira-Cruz

ALZA

est un petit village bâti sur un mamelon, entre la baie de Passages et le pied de la montagne de *la Magdalena*. Sa population est d'environ 1,200 habitants, tous occupés aux travaux de l'agriculture. Pendant la guerre civile, de 1833 à 1840, il se livra divers combats sur son territoire et la moitié de ses maisons furent détruites par l'incendie. L'action de la Herrera, où le général anglais Evans et l'infant Don Sébastien furent aux prises, a été la plus sanglante. Le *chapelgorri* Echagüe, aujourd'hui général, y fut blessé.

En 1874, Alza fut fortifié par les volontaires du capitaine Arcelus et, durant toute la guerre, cette position resta au pouvoir des libéraux.

Le mont San Marcos, que couronne un fort imposant, construit par les carlistes, se dresse au sud-est de Alza, à la distance d'environ deux kilomètres. Cette position formidable fut abandonnée par les soldats du prétendant le 1er ou le 2 mars 1876, c'est-à-dire immédiatement après l'entrée de D. Carlos en France.

Alza fait partie de la juridiction de Saint-Sébastien. La voie ferrée passe à gauche de la route, sur l'aqueduc de la Herrera, coupe une colline boisée et débouche derrière les jardins des *Puertas Coloradas,* puis elle dessine une courbe assez brusque devant l'établissement de la *Misericordia,* hôpital civil, et pénètre dans la station de Saint-Sébastien, située sur la rive droite de l'Urumea, à environ trois cents mètres de la ville.

SAINT-SÉBASTIEN

Son nom. — Sa fondation. — Ses ouvrages de défense. — Son histoire. — Sa position. — Climat. — Industrie. — Monuments. — Statistique, etc., etc.

La capitale du Guipuzcoa était anciennement connue sous le nom de *Hizurum* ou *Irurum*, qui en basque signifie trois entrées, allusion probable aux deux entrées de la baie et à celle de l'Urumea. Elle se nommait aussi *Easo,* et c'est sous ce nom qu'elle est désignée dans les auteurs romains. (*Easopolis,* Ptolémée).

Jusqu'au Xe siècle elle conserva son nom de *Hizurum*, ainsi qu'il semble résulter des manuscrits de cette époque, entr'autres d'un acte signé par D. Sancho-el-Mayor, roi de Navarre, en 1014, dans lequel on cite les monastères de San Sebastian *(el antiguo)* et la ville de *Hizurum,* avec ses paroisses de Santa Maria et de San Vicente, qui existent encore aujourd'hui.

Le qualificatif de *Donostiya,* qui lui a été appliqué, et sous lequel on la désigne en langue basque, ne remonte pas à une époque plus reculée que le XIe siècle. On a cherché inutilement une étymologie plausible à ce qualificatif.

Comme ville, Saint-Sébastien n'est connue, dans l'histoire, que depuis Sancho-le-Sage, lequel lui donna des lois et des *usaticos*, qui furent confirmés comme *fueros* par Alphonse VIII roi de Castille. Au XIIe siècle, la juridiction de Saint-Sébastien s'étendait de Fontarabie à l'Oria, et de Passages à Arano (Navarre).

Sa forteresse date de l'an 1208, époque à laquelle des troupes castillanes en prirent possession, au nom du roi Alphonse VIII, avec le consentement préalable de la province.

Deux siècles et demi plus tard, en 1475, sous les rois catholiques, Saint-Sébastien prit une part active dans la guerre du roi Ferdinand contre Alonso V, de Portugal. Les hommes d'armes et les marins que cette ville mit au service du roi de Castille contribuèrent à la prise de Vibero, de Pontevedra et de Bayona (1).

Lors de l'invasion des Français, commandés

(1) Bayona est un petit port de la côte occidentale espagnole, non loin du cap Finistère.

par Alain d'Albret et Ivon du Fou, en 1476, la ville de St-Sébastien résista aux envahisseurs, qui venaient comme alliés du roi de Portugal.

En novembre 1512, la ville se défendit également contre un corps d'armée commandé par le prince Charles de Bourbon.

En 1521, les volontaires du Guipuzcoa, réunis dans Saint-Sébastien, allèrent par détachements au secours de Fontarabie qu'assiégeait Bonnivet.

C'est en 1522 que l'empereur Charles-Quint concéda à la ville le titre de *Noble et Loyale* en récompense de sa conduite dans la guerre des *comuneros* de Castille.

De 1526 à 1558, Saint-Sébastien prit une part directe dans tous les conflits qui eurent lieu sur la frontière française et dans les ports du golfe de Gascogne, ce qui lui mérita les éloges royaux et de nouveaux titres nobiliaires.

La peste la ravagea en 1597, et elle se fût trouvée isolée entièrement du reste de la nation sans les secours efficaces de l'évêque de Pampelune et des républiques alavaises.

Le roi Philippe III et sa fille, Anne d'Autriche, séjournèrent à St-Sébastien, dans les premiers jours de novembre 1615, à l'occasion du mariage de cette princesse avec le roi Louis XIII de France. La ville fit des dépenses considérables en l'honneur de ses hôtes. C'est encore à Saint-Sébastien que s'arrêtèrent Philippe IV et l'infante Marie-Thérèse, lorsque en 1660 se célébra, sur la Bidassoa, le mariage de Louis XIV. Vers cette époque, la capitale du Guipuzcoa fut élevée au rang de cité, et quelques années plus tard ses fortifications furent complétées.

Le duc de Berwick assiégea Saint-Sébastien en 1719, avec un corps d'armée de 16,000 hommes. La place n'était pas en état de faire une grande résistance à l'artillerie française, réputée comme la première de l'époque, mais le général espagnol Don Alejandro de La Mota refusa de capituler sans combattre, et après avoir vu démanteler les murailles extérieures de la ville, il se réfugia dans la citadelle, laissant les autorités civiles traiter de la reddition avec le duc de Berwick. Le 2 juillet commença le siége du *Castillo,* où les Espagnols firent une héroïque défense; mais le 17 du même mois, une bombe s'étant introduite dans les magasins des assiégés et les ayant détruits, il ne resta plus à ceux-ci aucun moyen de résistance, et ils se rendirent après avoir obtenu les honneurs de la guerre.

Jusqu'en août 1727, la province du Guipuzcoa toute entière fut au pouvoir des armées françaises.

Rentrée sous la domination du roi de Castille, la ville de Saint-Sébastien s'occupa spécialement de l'organisation de son commerce et de la création d'un bon régime économique. C'est grâce à cette organisation qu'elle put supporter, sans trop en souffrir, la grande disette de 1766, qui suscita tant de perturbations politiques en Espagne.

En juin 1777, cette ville fut visitée par l'empereur Joseph II, qui séjourna quelque temps dans ses murs, allant en Allemagne.

Quelques années plus tard, en janvier 1780, l'amiral anglais Rodnay détruisit presque toute sa marine de commerce.

Lorsque survint la Révolution Française, la province du Guipuzcoa fut envahie par les troupes républicaines. La campagne de 1793 fut courte et ne permit pas aux Français d'attaquer Saint-Sébastien, mais en août 1794, après la prise d'Irun, de Fontarabie et de Oyarsun, le corps d'armée de Moncey se présenta devant cette place, qui capitula immédiatement (4 août 1794). L'année suivante, après la paix signée entre la Convention nationale et le roi d'Espagne, l'armée française évacua Saint-Sébastien (22-25 juillet 1795).

Pendant les guerres du premier Empire, c'est-à-dire après l'abdication de Charles IV, au château de Marrac, la ville et la citadelle de Saint-Sébastien tombèrent sans coup férir au pouvoir des armées impériales. Une brigade s'y établit en garnison (8 mars 1808).

En juillet de la même année, Joseph Bonaparte traversa la ville, se rendant à Madrid.

Jusqu'en 1813, la province du Guipuzcoa fut soumise à l'autorité française, et il ne s'y passa rien d'important à noter. L'armée d'occupation vivait avec les Basques en parfaite intelligence, les laissant s'administrer à leur guise, sans intervenir ni directement, ni indirectement dans leurs affaires.

Après la défaite de l'armée française dans la plaine de Vitoria, le 21 juin 1813, la garnison de Saint-Sébastien, commandée par le vaillant général Rey, se mit en état de défense et attendit une attaque imminente des anglo-portugais.

Le 28 juin, les *guerrillas* qui servaient d'avant-garde aux alliés se montrèrent sur les hauteurs de San Bartolomé ; à leur suite arrivèrent les forces régulières du général anglais sir Thomas Graham. La ville fut investie du côté de terre, sur les deux rives de l'Urumea, et bloquée en mer par quelques navires de guerre. Dans la nuit du 17 juillet, les assiégés évacuèrent leurs positions extra-muros et s'enfermèrent dans la place, dont les ouvrages de défense avaient été bien couverts.

Le général Graham, croyant sans doute à une faiblesse de la garnison, fit à Rey une première sommation pour la reddition. Le lieutenant de Napoléon ne daigna même pas répondre à une telle insulte faite à son courage proverbial et à sa loyauté sans reproche.

Sir Thomas Graham était orgueilleux et il se sentit fort humilié par le dédain de son adversaire. Le 25, il ordonna un assaut général. Ce fut pour les assiégeants une fatale journée, car ils perdirent inutilement près de deux mille hommes sans diminuer en rien la force des assiégés. Un blâme de Wellington vint atteindre Graham dans l'amertume de son insuccès, et déjà l'on songeait dans le camp anglais à convertir en blocus le siége effectif, lorsque la bataille de San Marcial changea la face des choses et ôta aux assiégés tout espoir d'être secourus (31 août 1813).

Les travaux d'attaque avaient été repris avec activité ; mais la garnison française ne s'en était pas émue : elle abandonna la ville proprement dite et s'enferma dans la citadelle après un sanglant combat, bien décidée à se défendre jusqu'à la dernière extrémité.

Le 3 septembre, Graham proposa aux assiégés une capitulation honorable. Elle fut repoussée. Le siége de la citadelle fut repris le 8, mais une épidémie s'étant déclarée dans la garnison, le brave général Rey accepta alors de nouvelles offres. Les assiégés abandonnèrent la place avec les honneurs de la guerre. Déjà, à ce moment, Saint-Sébastien n'existait plus. Dans la nuit du 31 août, les anglo-portugais, maîtres de la ville, traitèrent comme ennemie sa population et lui infligèrent un traitement horrible et odieux.

Voici dans quels termes le comte de Toreno raconte cet événement déplorable :

« L'âme se resserre au souvenir de scènes si « lamentables et si tragiques auxquelles les « habitants n'avaient donné aucun prétexte, « puisqu'ils étaient sortis heureux et joyeux au « devant de ceux qu'ils prenaient pour leurs « libérateurs, et qui n'eurent pour eux que « menaces, insultes et mauvais traitements. « De tels principes n'étaient que le prélude de « ce qui allait arriver.

« Vols, pillage, viols, assassinats, horreurs « sans nombre les suivirent vite. Ni la vieillesse « décrépite, ni la tendre enfance ne purent « se préserver des souillures de la soldatesque « furieuse qui outrageait les filles dans les bras « de leurs mères, les femmes sous les yeux de « leurs époux.....

« Quelle honte et quelles atrocités !

« Après elles vinrent le pillage et l'incendie.

« La cité toute entière brûla.....

« Plus de 1,500 familles sans abri abandon- « nèrent les ruines de leur ville, le corps mu- « tilé et le cœur brisé, mais indigné, sous tant

« de coups douloureux. Ruines et désolations « ne semblaient pas l'œuvre de soldats d'une « nation alliée, sinon celle de sauvages enne- « mis venus du centre de l'Afrique. »

Les malheureux habitants se réfugièrent dans les environs de la ville. Une junte de secours s'organisa au *barrio de Zubieta*, et une plainte fut adressée au général Wellington ; ce dernier refusa de recevoir la municipalité de Saint-Sébastien et laissa, sans le châtiment qu'ils méritaient, les généraux sous ses ordres qui avaient eu la culpabilité de ne pas maintenir leurs troupes dans les lois de la discipline. Ce sera là une tache indélébile sur la gloire du vainqueur de Waterloo. Les pertes matérielles de la ville furent considérables : 600 maisons brûlées, tous les monuments détruits, toutes les marchandises pillées, constituaient une perte de plus de trente millions de *pesetas*.

Après l'évacuation, les habitants de Saint-Sébastien vinrent pleurer sur les ruines de leur ville et s'unirent dans le malheur commun pour réparer l'immense désastre.

Les habitations comprises entre le *paseo* de

l'Alameda et le pied de la citadelle furent édifiées depuis cette époque. De l'ancien Saint-Sébastien il n'était resté que les maisons de la rue de la *Trinidad* et celles attenantes à l'église de San Vicente.

En 1823, l'armée du duc d'Angoulême occupa Saint-Sébastien, et, jusqu'en 1828, cette place resta en son pouvoir. Après la mort de Ferdinand VII, les provinces basques se soulevèrent contre la régence de Marie-Christine et acclamèrent Don Carlos ; mais Saint-Sébastien ne les suivit pas dans ce mouvement et se déclara, au contraire, en faveur de Doña Isabel II (octobre 1833). La milice locale fut armée, un corps de *chapelgorris* fut formé et, dans la lutte qui suivit, ces troupes volontaires prêtèrent de grands services à la cause libérale.

Saint-Sébastien fut occupé par des forces nombreuses, et dans ses environs, il se livra, de 1833 à 1839, de sanglants combats entre les carlistes et les isabellistes, ces derniers aidés par des légions franco-anglaises. Le bombardement que la ville eut à souffrir, de décembre 1835 à fin mai 1836, causa de sérieux dommages.

Les murailles qui l'enfermaient, à cette époque, dans une enceinte étroite, ont été démolies en 1863, et depuis, la jolie capitale du Guipuzcoa a pris une extension considérable.

Durant la dernière guerre civile, Saint-Sébastien fut une des principales bases d'opérations de l'armée nationale. Bloquée par les *guerrillas* carlistes, elle a perdu beaucoup dans son commerce et dans son industrie, et de plus elle a eu à supporter, durant près de quatre mois, un bombardement aussi inoffensif qu'inutile. Sa municipalité fit des sacrifices considérables pour l'entretien des milices libérales ainsi que pour la nourriture et le logement des garnisons importantes que la ville avait à sa charge. De ce chef, l'Etat doit à Saint-Sébastien de fortes sommes qui lui seront tôt ou tard restituées.

Après avoir été débarrassée de sa ceinture de murailles et des ouvrages qui gênaient son développement, l'antique *Easo* s'est gracieusement étendue sur la presqu'île qui relie sa citadelle à la terre ferme, dans l'espace compris entre le cours de l'Urumea et la gracieuse baie de la Concha que dominent les hauteurs de San Bartolomé.

L'ancien pont en bois de Santa Catalina a été remplacé par un magnifique pont en marbre et granit, donnant accès à la route de France et reliant le quartier de l'Atocha, où se trouvent la gare du chemin de fer, l'hôpital civil et divers importants établissements industriels.

Là où se dressait autrefois le formidable bastion impérial, se trouve aujourd'hui la délicieuse promenade de l'Alameda, bordée de splendides demeures. Sur la brèche de 1813 a été construit un magnifique marché. Sur le rempart qui reliait le bastion impérial au *prado* de Santa Catalina, on a ménagé une spacieuse promenade, celle d'Oquendo, complantée d'arbres. L'*Horbaneque de San Carlos* a disparu, et sur son emplacement s'élèvent les belles maisons du quartier neuf qui avoisinent la place du Guipuzcoa.

Bref, il ne reste plus à Saint-Sébastien que le *Castillo de La Mota* pour sa défense, de sorte que l'on ne saurait désormais considérer cette ville comme place de guerre, surtout vis-à-vis des progrès de l'artillerie moderne. Elle n'est plus qu'une station balnéaire, la plus belle et la mieux située de tout le littoral cantabrique.

Depuis quinze ans, elle est devenue le lieu de rendez-vous de toute la haute société espagnole, et il est du meilleur monde de s'y rencontrer durant les mois de juillet, août et septembre, alors que les chaleurs rendent le séjour de Madrid intolérable.

Le climat de Saint-Sébastien est doux et sain. Les vents du nord-est y règnent une grande partie de l'année et maintiennent la ville dans un état de parfaite salubrité. Les épidémies y sont rares, mais la fraîcheur de l'atmosphère occasionne des bronchites fréquentes que l'on évite, du reste, par de simples précautions d'hygiène. La mortalité est toujours de beaucoup inférieure aux naissances. Sur une population d'environ 18,000 habitants, elle n'a été, en 1876, que de 550 individus ; les naissances s'élevaient à plus de 700.

Le service de santé est parfaitement organisé sous le contrôle actif de l'*ayuntamiento,* ou municipalité.

La ville est divisée en deux parties, l'ancienne et la nouvelle, par le *paseo de l'Alameda.*

Dans l'ancienne se trouvent les constructions, places et monuments, qui existaient avant 1863 ; dans la nouvelle, les constructions édifiées depuis cette époque.

Saint-Sébastien possède divers faubourgs ou *barrios* qui sont : *San Martin, Ulia, Loyola, Eguia, Lugariz, Antiguo* et quatre dépendances municipales : *Alza, Igueldo, Zubieta* et *Aduna.* Sa juridiction comprend un territoire de sept lieues carrées contenant environ 1,100 fermes *(caserios).* Sous le rapport religieux, la cité est divisée en deux paroisses, *Santa Maria* et *San Vicente*, desquelles dépendent les chapelles ou oratoires des divers quartiers.

L'industrie était très-peu développée dans la capitale du Guipuzcoa avant la construction du chemin de fer du Nord de l'Espagne et la démolition des murailles de son enceinte. Cependant autrefois, alors que l'*Urumea* n'était pas ensablé à son embouchure, on construisait sur ses bords des navires de grand tonnage, il existait également quelques fabriques d'armes blanches dans la ville. C'étaient ses uniques industries.

Depuis quelques années, il s'est créé, à Saint-Sébastien et dans ses environs, huit ou dix grandes fabriques qui occupent une nombreuse population ouvrière. Dans l'intérieur de la ville existent des lithographies importantes : celles de MM. Duras et Cie, de Fidel Mugica, de Jornet, de Gordon, etc. ; les imprimeries de MM. Osès, Baroja et Nerecam ; la grande fabrique de papiers de M. Duras, où se fait la rayure, la marque, le pliage des enveloppes, etc. ; les chocolateries de MM. Arana, Iribas et autres ; les marbreries de MM. Casenave et Ezpendés ; les ateliers d'ébénisterie pour meubles et tapisserie de MM. Roque Echeverria, Odon Marthe, Esterlé, Ohaco, Arzuaga, etc. ; la fabrique de parapluies de M. Lafarge et Cie ; des magasins nombreux de quincaillerie, de faïencerie, de verroterie fine et d'objets de fantaisie, parmi lesquels on cite ceux de MM. Résines, Bolla, Bianchi, Campion et Ayani ; la fabrique de gants de M. Felipe Résines ; puis des dépôts de salaisons, de conserves alimentaires, de denrées coloniales où abondent les marchandises ; les luxueux magasins de joaillerie et horlogerie de MM. Delvaille, Girod, Voisin, Delaunet, Murga, etc. etc.

Dans le *barrio* de *San Martin* se trouve l'usine à gaz dirigée par M. Lopetedi et quelques ateliers de charronnerie. Sur le chemin de l'*Antiguo*, après avoir dépassé la terrasse de la *Concha*, se trouve une importante fabrique de chaux hydraulique ; dans le village même, entre la route et le chenal d'Igueldo, est la grande verrerie à fusion continue de MM. Brunet et Cie, désignée sous le nom de *Ondarreta*, dans laquelle, à l'aide de combinaisons habiles, on fait chaque jour environ six mille bouteilles de toutes formes et de toutes dimensions.

Le système Simens, employé sans succès au début de l'entreprise, fut modifié avec intelligence par un ingénieur français, M. U. Mantrant, qui a, depuis, changé totalement l'organisation des conduits de chauffe, ainsi que la forme du four, ce qui permet de travailler sans faire relâche pour le nettoyage des conduits, et aussi de donner une plus grande somme de calorique avec une moindre dépense de combustible. Les ouvriers verriers ont toujours, dans le four, la même quantité de matière, au même degré de fusion, de sorte que, sans interruption de travail, la fabrication est constante et uniforme. Les produits de la verrerie d'*Ondarreta* ont figuré avec avantage dans la dernière exposition vinicole de Madrid. Prochainement, un four spécial, destiné à la fabrication de la gobeleterie fine, sera établi comme annexe de l'usine dans les terrains qui l'avoisinent.

Plus loin se trouve l'importante fabrique de bougies et de savonnerie de MM. Lizarritury fils et Rezola, dont les produits sont répandus dans toute l'Espagne. Une raffinerie d'acide et d'ingrédients chimiques, appartenant à MM. Rezola et Cie, est à côté.

Dans les quartiers situés sur la droite de l'Urumea, la vie industrielle est encore plus développée ; il existe, près de la station, une importante scierie à vapeur, appartenant à MM. Fagoaga et Cie, ainsi qu'une forge ; à la gauche du pont de Santa Catalina, une fabrique de tubes en plomb galvanisé et une fonderie de métaux ; plus loin, la grande fabrique de pointes de M. José Gros ; puis la fabrique de chapeaux de M. Iribas et une fabrique d'allumettes-bougies de M. Albarellos ; etc., etc.

Une brasserie est sur la route ; une autre,

plus importante, appartenant à Mme veuve Pozzy, est située dans le quartier des *Puertas Coloradas*. La bière de la brasserie Pozzy est expédiée en barils et en bouteilles dans l'intérieur des trois provinces basques, où cette boisson généreuse est très-appréciée.

La fabrication des cigares et le commerce du tabac ayant été libre jusqu'à ce jour dans la province du Guipuzcoa, Saint-Sébastien possède de nombreuses cigareries où sont employées beaucoup d'ouvrières.

Le commerce maritime de Saint-Sébastien, autrefois très-important, a beaucoup perdu depuis le commencement du siècle. Cette ville a possédé jadis de véritables flottes, qui furent d'un grand secours à l'Espagne, lors des guerres de cette nation avec l'Angleterre, la Hollande ou la France. Aujourd'hui son port n'est fréquenté que par des caboteurs ou par quelques rares long-courriers, qui font la traversée des Antilles et de l'Amérique du Sud. Du reste, le vrai port de Saint-Sébastien est aux Passages, car c'est là que tend à se concentrer tout le mouvement maritime de la côte basque.

Quant au commerce intérieur, il est aussi fort

limité ; cependant, Saint-Sébastien alimente une grande partie de la province et écoule les marchandises de ses entrepôts et magasins à Tolosa, Azpeitia et Vergara.

A part son château-fort, ses deux églises paroissiales et quelques couvents, dont les ruines sont adossées au mont Urgullo, Saint-Sébastien ne possède que des monuments édifiés depuis la malheureuse catastrophe de 1813.

L'église de *Santa Maria,* située à l'extrémité de la *calle Mayor,* fut construite de 1743 à 1764 sur les ruines de celle que Sancho-el-Mayor, roi de Navarre, avait fait élever en 1014. Elle est formée de trois nefs : celle du milieu, ayant une dimension de quinze mètres de large sur soixante mètres de longueur ; les deux autres n'ont qu'une largeur de sept mètres. La hauteur de l'édifice sous la clef de voûte est d'environ quarante mètres.

L'architecture de ce monument religieux se ressent de l'époque indécise et troublée qui le vit naître. Elle est un composé inextricable de tous les ordres, mais elle n'appartient à aucun. Cependant, sa façade surmontée de deux tours fait un bel effet, vue à distance ; mais elle n'en est pas moins d'un *rococo* tout pur. Le portail est orné de statues placées dans des niches et d'une foule d'enjolivures d'un goût douteux. Au-dessus se trouve un saint Sébastien percé de flèches, une horloge et l'écusson de la ville.

L'intérieur de l'église est d'une grande richesse au point de vue de l'ornementation et du luxe. Le maître-autel, d'ordre composite très-libre, est de grande dimension. Sur les parois de la chapelle existent de grandes et belles peintures, et au fond, au-dessus de l'attique, est placé un saint Sébastien de certain mérite, parfaitement éclairé. Ce maître-autel est l'œuvre de l'architecte Villanueva, directeur de l'Académie de San Fernando.

Les deux autels qui forment la tête des nefs latérales sont également de lui.

Le chœur placé sur voûte, en face du maître-autel, au fond de la nef principale, est orné d'une riche *silleria;* sur l'un de ses côtés existe le grand orgue offert par la ville en 1863.

L'autel de la Communion, dédié à *Santa Catalina* par le haut commerce de Saint-Sébastien, est d'une grande richesse. Les sculptures sont dues au ciseau de Juan de Mena.

Les deux autels placés au pied du chœur sont l'œuvre du célèbre architecte Ventura Rodriguez; l'un est en marbre, l'autre en bois.

La sacristie est fort belle et de grande superficie. Son pourtour est garni d'une riche chasublerie en bois de cèdre, ornementée avec goût. On conserve dans ses annexes de précieuses sculptures de Felipe Arizmendi, représentant les scènes de la Passion du Christ en grandeur naturelle.

L'église de *San Vicente* est plus ancienne que celle de *Santa Maria*, du moins elle figurait comme existant déjà dans les documents royaux datés de 1014. Détruite au XVe siècle, elle fut reconstruite en 1507 par l'architecte D. Miguel de Landa. Sa longueur totale est de 48 mètres et sa plus grande largeur de 32 mètres. Elle est formée de trois nefs ogivales; celle du centre mesure 30 mètres d'élévation sous sa clef de voûte. Les colonnes qui supportent ces nefs sont sveltes et bien agencées, appartenant au style gothique, comme d'ailleurs presque toute l'architecture de l'édifice.

Le *retablo* du maître-autel est une grande composition en bois, formée de colonnes superposées entre lesquelles des statues nombreuses sont disposées dans le plus mauvais goût. Un crucifix de dimensions colossales surmonte ce *retablo* et atteint la voûte, soutenu par d'énormes barres en fer. Sur ses côtés on voit quelques bas-reliefs de bonne facture.

Deux autels latéraux, l'un gothique, l'autre renaissance, garnissent les bas-côtés de l'église; leurs ornements n'ont aucune valeur. Dans les chapelles existent aussi des autels plus ou moins surchargés d'enjolivures où l'or et la couleur abondent.

L'extérieur de l'église n'est pas harmonisé avec l'intérieur, et il est présumable que certaines parties des façades ont appartenu à l'édifice primitif. L'entrée principale est précédée d'un porche quadrangulaire surmonté d'une voûte en ogive dont les arêtiers se joignent. Ce porche ressemble plutôt à l'entrée d'un fort qu'à celle d'une église. Dans la façade méridionale, presque à l'angle de la façade principale, existe, à demi noyée dans la maçonnerie, une sorte de tourelle demi-circulaire au pied de laquelle est ménagée une poterne ogivale; cette tourelle est d'une époque beaucoup plus reculée que le corps principal du monument.

L'église *del Antiguo*, paroisse qui existait aussi avant 1014, fut détruite durant la première guerre civile carliste. Les ruines, qui sont situées sur le bord du chemin de Lasarte, témoignent encore de son importance. A côté existait un couvent de religieuses Dominicaines, qui fut également détruit. La communauté se transporta, il y a quelque vingt ans, dans le *barrio* de Loyola, où elle fit construire un magnifique établissement dominant la vallée de l'Uruméa.

Le couvent de *Santa Teresa*, situé au pied du *Castillo*, à l'ouest de l'église de Santa Maria, appartient aux religieuses de l'ordre du Carmel. Il fut fondé vers 1660, par Dª Simona Lajus. La chapelle du couvent possède des ornements de mérite, mais la majeure partie de ses richesses lui fut enlevée en 1813. Les religieuses de la communauté ont créé une école gratuite d'enseignement primaire pour les enfants pauvres de la ville.

Dans la rue de la Trinidad existait autrefois un couvent de Dominicains, sous le patronage de *San Telmo*, fondé au XVIe siècle par D[n] Alfonso de Idiaquez, ministre de l'empereur Charles-Quint, et par son épouse D[a] Engracia de Olazabal. Depuis la fin du siècle dernier, ce couvent a été converti en magasin militaire ; il sert encore aujourd'hui de parc d'artillerie et de dépôt de vieux matériel de guerre. Dans l'église, encombrée de débris de toute sorte, existe la sépulture de D[n] Alfonso de Idiaquez et celle de son fils D[n] Juan, qui fut ministre d'Etat sous Philippe II.

Le cloître, attenant à l'église, est dans un état déplorable ; c'est une œuvre architecturale de l'époque de la Renaissance, qui serait d'un fort bel effet si on la dégageait des plâtras et des détritus qui garnissent sa galerie.

Sur la colline de *San Bartolomé*, les religieuses Augustines ont réédifié cette année leur antique couvent détruit en 1836. Fondé en 1204, ce couvent avait reçu en 1250 une bulle du Pape Innocent IV, qui lui concédait divers privilèges.

La *Casa consistorial* est le plus important des monuments civils de Saint-Sébastien. Cet édifice fut construit en 1828 et le roi Ferdinand VII posa sa première pierre le 10 juin de la même année. Il occupe tout le côté occidental de la *plaza de la Constitucion,* sur laquelle se trouve la façade, et s'adosse à la rue San Geronimo, ses côtés étant reliés par des arceaux aux maisons voisines.

Sa façade est majestueuse, mais un peu lourde. Elle se compose d'un soubassement de granit voûté en plein cintre, sur les piédestaux duquel reposent six colonnes doriques, dont les entre-deux sont garnis de balcons à la hauteur du premier et du second étage. Les chapiteaux des colonnes supportent un entablement de bon goût que surmonte un attique au sommet duquel sont placées les armes de Saint-Sébastien, composées d'un navire d'argent, voguant sur une mer également d'argent, avec fond azur, entourées de la devisée octroyée par Charles II en 1682, et qui dit : *Ganadas por fidelidad, nobleza y lealtad.*

Un escalier spacieux, se divisant sur un large palier, conduit au premier étage, où se trouvent le secrétariat de l'*ayuntamiento*, les archives municipales et la salle du Conseil. Cette salle, richement décorée, est ornée de quatre statues, représentant la Sagesse, le Commerce, la Prudence et la Justice, et de divers objets d'art, entre lesquels se distinguent deux grands vases en porcelaine de Sèvres, cadeau fait à la ville, en 1858, par S. M. Napoléon III et par son épouse.

Les portraits de la reine Isabelle II et d'Amédée Ier occupent le fond de la salle, en face est celui du roi actuel, D. Alphonse XII.

Sur les parois de l'escalier sont suspendues deux grandes marines de Antonio de Brugada, rappelant les hauts faits de l'amiral Oquendo. Celle de droite représente un combat naval en 1639, où le héros basque résista, avec un seul navire, contre toute une escadre hollandaise. Son adversaire, interrogé par un conseil de guerre, qui voulait lui infliger un blâme, répondit pour toute défense que la *Capitana real* d'Espagne, commandée par Oquendo, était invincible. La marine de gauche représente un abordage entre le vaisseau d'Oquendo et celui de l'amiral hollandais Hanspater, en 1631. Ce dernier, désespéré dans sa défaite, se jeta à la mer pour ne pas y survivre.

Le second étage de la *Casa consistorial* est occupé par la justice de paix et par l'administration municipale.

Ce bel édifice a été construit d'après les dessins de D^{n} Silvestre Perez, architecte de l'Académie royale.

Le marché au poisson ou *pescaderia* est une galerie demi-circulaire où se se fait la vente au détail de la pêche. Des boucheries sont aussi installées sous le couvert.

Le grand marché ou *plaza*, situé à l'angle des promenades de l'*Alameda* et d'*Oquendo*, est un grand bâtiment composé de deux ailes couvertes en zinc qui se relient en face d'une cour au centre de laquelle est une petite fontaine. Ce marché est très-animé de six heures du matin à midi.

Le bâtiment connu sous le nom d'*Escuelas publicas* est situé sur une petite place où l'on arrive par la *calle Narica*. Le rez-de-chaussée est occupé par l'*Alhondiga* ou entrepôt; le premier étage par les écoles de jeunes enfants, et le second par l'école publique de marine et de commerce, entretenues par la ville et par la province.

Il existe dans la partie neuve de Saint-Sébastien un *Instituto* et d'autres *Escuelas publicas* pour l'enseignement secondaire. Dans les rues de *Andia* et de *Peña Florida*, c'est-à-dire de chaque côté du palais de la Députation, deux magnifiques constructions ont été élevées pour y établir des cours publics, des salles d'études, des gymnases, des bibliothèques, etc., etc., où la jeunesse vient s'instruire.

L'hôpital civil ou *Casa de Misericordia*, situé dans le *barrio* de l'Atocha, fut construit en 1840, sur les ruines du couvent de San Francisco. C'est un grand établissement de bienfaisance, donnant asile à tous les malades et nécessiteux qui s'y présentent. Sa construction a été faite avec soin, sous la direction des architectes provinciaux, à l'aide de dons particuliers, au nombre desquels on doit citer celui de Don Antonio Zavaleta, fils de Saint-Sébastien, qui mourut à la Havane en 1837, léguant à l'hospice de sa ville natale la totalité de ses biens s'élevant à 2,381,000 réaux (600,000 fr. environ).

Ce sont les religieuses de l'ordre de Saint-Vincent-de-Paul qui dirigent l'hospice sous le contrôle d'une junte municipale. Les enfants abandonnés sont aussi confiés à leurs soins dévoués. Les filles-mères sont admises dans une dépendance de l'établissement pour y faire leurs couches, et le plus grand secret est gardé à leur endroit. On ne leur demande ni leur nom ni leur condition, et elles sont inscrites sous un simple numéro sur les registres de la maison. Cette disposition philanthropique a pour but d'éviter le scandale et les infanticides qui malheureusement en sont presque toujours la conséquence.

La *Casa de Misericordia* de Saint-Sébastien passe pour être l'un des établissements de bienfaisance les mieux organisés de toute l'Espagne; c'est notre ami particulier le Dr G. Aristizabal, député au Côngrès, qui en est le médecin en chef.

Le *Gobierno civil* de la province du Guipuzcoa est situé au deuxième étage de la maison servant de *Aduana,* dans la *calle Mayor.* Ses bureaux sont ouverts depuis 9 heures du matin jusqu'au soir 5 heures. Le gouverneur est accessible à tous, sur une simple demande d'audience.

Le *Gobierno militar* est situé avenue de *la Libertad.*

Le bureau des postes ou *Correos,* est établi à l'angle de l'avenue de *la Libertad* et de la *calle de Hernani.* Ses guichets sont ouverts de huit heures du matin à neuf heures du soir, sauf durant le dépouillement des courriers.

L'administration des *Telégrafos* est dans la même demeure, au premier étage.

Les hôtels les plus recommandables de Saint-Sébastien sont les suivants :

Grand-Hôtel de Londres, situé dans le splendide palais Fesser, sur l'avenue de la *Libertad,* dirigé par M. E. Dupouy. Maison de premier ordre où, durant la saison, se réunit l'élite des baigneurs. L'hôtel est entouré d'un jardin grillé avec terrasse ; on y trouve tout le confortable des grands hôtels de Biarritz, Arcachon, Nice, etc.

Hôtel de Martin Escurra, situé sur le *paseo* d'Oquendo, en face de la Zuriola.

Hôtel d'Angleterre, qui fait face au champ de manœuvres, à l'extrémité ouest de l'*Alameda,* près du port.

Hôtel du Commerce, à l'angle du *paseo* de Oquendo et de l'avenue de *la Libertad,* en face du pont.

La *Fonda de Berdejo,* rue d'Hernani, etc., etc.

Au nombre des restaurants, nous devons recommander spécialement celui du *Cercle des Etrangers,* situé au-dessus du *café del Comercio,* sur l'*Alameda,* arceaux de la *Plaza Vieja.* Ce restaurant, tenu par Mme veuve Pozzy, est servi à la française : sa cave est munie des meilleurs vins de la Bourgogne et du Bordelais.

Le restaurant de *la Urbana,* place de Guipuzcoa, est aussi fort bien tenu par Dn Pascual Gorozabel. On y sert des mets espagnols fort recherchés.

Les cafés de Saint-Sébastien sont remarquables. Celui de *la Marina* doit figurer en première ligne par son élégance et la richesse de son ornementation. Les portraits des personnages les plus illustres de la province décorent son pourtour intérieur.

Le *café de Colon,* sous les arceaux de la place de Guipuzcoa, est de construction moderne ; il ressemble, par son luxe de glaces et ses belles peintures décoratives, à un café des boulevards de Paris. Le service y est fait avec intelligence.

Le *café del Comercio,* arceaux de la *plaza Vieja, Alameda,* existe depuis plus de 40 ans au même endroit ; c'est le doyen des cafés de Saint-Sébastien, mais il est installé au goût du jour et son service ne laisse rien à désirer. Au-dessus se trouve le *Cercle des Etrangers,* ainsi que le restaurant du même nom. Ces établissements sont très-fréquentés par les touristes et les voyageurs ; on y reçoit un grand nombre de journaux français, anglais, italiens et espagnols. Un salon de lecture dépendant du Cercle est ouvert au public.

Le *café de France,* avenue de *la Libertad,* est fréquenté par la colonie française.

Quelques autres cafés de moindre importance sont répandus sur tous les points de la ville.

Saint-Sébastien possède deux théâtres; l'un, *el Teatro Principal,* calle Mayor, est propriété de la ville; l'autre, désigné sous le nom de *Teatro del Circo,* est une propriété privée. Tous deux sont parfaitement installés et, durant la saison des bains, on y voit figurer de fort bonnes troupes de comédie et de *zarzuela* (opérette).

Un *Skating-Rink* vient de s'installer dans l'ancien local du café de la Victoria, *calle de Hernani.*

La *Plaza de Toros* est située en face de la station du chemin de fer, dans le quartier de l'Atocha. C'est une vaste construction circulaire, toute en bois, avec un soubassement de briques, pouvant contenir environ 10,000 spectateurs. Elle a été édifiée en 1876, sous la direction de M. Goicoa, architecte, pour le compte de M. José Arana, commerçant de Saint-Sébastien, entrepreneur des courses.

Une *plaza de pelota* ou *jeu de paume* a été construite cette année non loin de là, dans le même quartier de l'Atocha.

Un honorable et intelligent docteur en médecine, M. Acha, a établi aux portes mêmes de Saint-Sébastien, sur la route de France, un établissement thermal sous le nom de *Hegiotrepo*. Les malades y reçoivent un traitement spécial et l'on cite de nombreuses cures opérées dans cet établissement, organisé suivant toutes les données du progrès et de la science médicale.

Les bains de la *Perla del Oceano* sont situés sur la *Concha*. De chaque côté on place, durant la saison balnéaire, de nombreuses cabines, montées sur roues, qui suivent les progrès croissants et décroissants de la marée, pour la commodité des baigneurs.

Les promenades intérieures de St-Sébastien se réduisent à l'*Alameda*, au *paseo d'Oquendo* et à la terrasse de la Concha.

Celle du *Castillo*, qui contourne le flanc du mont *Urgullo*, au sommet duquel se trouve la citadelle de La Mota, est la plus belle et la plus intéressante. Il faut une permission spéciale pour visiter le *Castillo,* mais il est facile de l'obtenir, en s'adressant au gouverneur militaire ; les hôtels sont munis de cette permission pour leurs clients.

Le *Castillo de La Mota* fut construit au XVe siècle, sur les ruines d'un vieux donjon, dont l'édification était attribuée à Sancho-le-Fort, roi de Navarre. Il se compose d'une vaste terrasse, de forme pentagonale, devancée à chacun de ses angles par des contrescarpes et des parapets. Au-dessus s'élève un bâtiment, de forme demi-circulaire, surnommé *el Macho,* derrière lequel s'abritent quelques corps de logis et la chapelle du *Santo-Cristo de La Mota,* qui sert de paroisse à la garnison de la citadelle. De la plate-forme du *Macho* l'on jouit d'une vue admirable sur les environs de Saint-Sébastien.

A l'ouest du pentagone existent une vaste caserne et des magasins casematés.

Le *Castillo* proprement dit est entouré de divers autres ouvrages de défense et de batteries isolées. Les plus importantes de ces dernières sont : *el Mirador,* qui domine l'embouchure de l'Urumea et la Zuriola ; la batterie de *las Damas*, qui fait face à l'île de *Santa Clara*, et celle de *Bardoca*, qui regarde la haute mer.

Sur le flanc occidental du mont Urgullo se voient, taillées dans le rocher, de nombreuses sépultures ; ce sont les tombes des soldats de la légion anglaise qui tombèrent de 1834 à 1839 sous les balles carlistes et aussi de nombreuses victimes du siége de 1813.

Au milieu de ces sépultures se dresse un petit monument élevé à la mémoire du général espagnol Manuel Gurrea, mort le 20 mai 1837, à la tête de sa colonne, en franchissant le pont de Andoain, de l'autre côté duquel étaient fortifiés les carlistes.

Enfouis dans la roche et recouverts par une plaque de marbre blanc, sont les restes du colonel anglais sir Richard Fletcher et de trois autres officiers supérieurs, morts le 31 août 1813 dans l'attaque du Castillo.

Les touristes anglais ne manquent pas de visiter ce petit cimetière où reposent leurs compatriotes et d'y cueillir des fleurs ou quelques brins d'herbe, qu'ils emportent comme un religieux souvenir.

L'île de *Santa Clara* émerge à l'embouchure de la baie, entre le mont Urgullo et le promontoire d'Igueldo. Elle est couronnée d'un phare à feu fixe blanc et de quelques habitations pour les gardiens. Derrière cette île s'abritent les navires de fort tonnage, lorsque les courants les empêchent de pénétrer dans le port.

Saint-Sébastien est la patrie de quelques personnages illustres, au nombre desquels on doit citer :

Antonio de Oquendo, Felipe de Arismendi, Joaquin Antonio de Camino, Santiago de Las Casas, Juan de Echaide, Alfonso Idiaquez, Sandoval, etc., etc.

La célèbre Catalina de Erauso, surnommée la *Monja-Alferez,* naquit aussi à Saint-Sébastien.

ITINÉRAIRE

Astigarraga. — Hernani. — Urnieta. — Andoain. — Soravilla. — Aduna. — Villabona. — Irura. — Anoeta. — Tolosa.

ASTIGARRAGA.

Quatre voies différentes conduisent de Saint-Sébastien vers l'intérieur de la province ; trois d'entr'elles aboutissent à Hernani, l'autre laisse Hernani à gauche, passe à Lasarte et fait sa jonction dans Andoain avec la grande route nationale qui va à Madrid.

Il y a, de plus, la voie ferrée, qui est certainement la plus rapide, si elle n'est la plus agréable.

En sortant de la station de Saint-Sébastien, la locomotive traverse la petite plaine de Loyola, souvent couverte par les eaux de l'Urumea, puis elle franchit un tunnel long de quelques cents mètres, pour déboucher ensuite dans une riante vallée. Astigarraga, que l'on laisse à gauche, est un bourg de 800 habitants, situé sur une petite hauteur dominée par la montagne de Santiago-mendi.

Son église, ainsi que le château qui l'avoisine, ont été, durant la dernière guerre civile, la propriété successive des libéraux et des carlistes. C'était une importante position stratégique, parce qu'elle commandait la route d'Oyarsun, la ligne du Nord et l'un des chemins qui relient Hernani à Saint-Sébastien. Trois kilomètres plus loin est la station d'Hernani qui fut incendiée par les carlistes et que l'on n'a pas encore reconstruite.

HERNANI.

Cette petite ville, bâtie sur un monticule, est l'une des plus antiques localités de la province. Elle fut mentionnée, en 980, par Mgr Arsio, évêque de Bayonne, dans un acte de délimitation diocésaine. En 1150, elle devint dépendance de Saint-Sébastien. Un violent incendie la détruisit dans le courant de l'année 1490. Elle fut reconstruite, puis brûlée de nouveau en 1512, par l'armée française. Sa population actuelle est d'environ 3,500 âmes. La majeure partie de ses maisons datent du XVIe siècle.

Quelques-unes d'entr'elles possèdent des façades magnifiques, richement sculptées et ornées d'écussons composés de la façon la plus étrange. Comme dans d'autres endroits du pays basque, le blason est fort commun à Hernani, où il s'étale pompeusement et sans fausse honte, sur les *casas solariegas,* avec des attributs qui n'accusent certes pas une bien haute noblesse : ce sont, en effet, dans la plupart des cas, des animaux de différentes espèces, des bœufs, des béliers, des pourceaux, surtout des pourceaux, qui imagent ces blasons, avec accompagnement de marmites ou de chaudrons suspendus à des arbres. Souvent aussi le pal est entaché de bâtardise.

Hernani a vu naître dans ses murs le célèbre Juan de Urbieta qui, le 24 février 1525, à la bataille de Pavie, fit prisonnier le roi de France François Ier, et le défendit ensuite de sa vaillante épée contre les reîtres, qui en voulaient surtout aux joyaux que portait sur lui le roi-chevalier.

En récompense de sa loyale conduite, François Ier offrit une faveur au Basque ; celui-ci réclama simplement la liberté de Hugo de Moncada, dont il était le subordonné, et qui était à cette époque prisonnier des Français. Le roi accorda cette liberté et écrivit à Juan de Urbieta la lettre suivante :

« François, par la grâce de Dieu, roi de « France, fais savoir à tous ceux à qui il appar- « tiendra, que Juan de Urbieta, du seigneur « Hugo de Moncada, fut l'un des premiers qui « se mirent de notre côté lorsque nous fûmes « fait prisonnier devant Pavia et qu'il nous aida « à défendre notre vie, ce dont nous lui avons « obligation, et il nous demanda de rendre la « liberté au seigneur Don Hugo, son maître, « notre prisonnier. Et pour que cela soit, nous « avons signé la présente de notre main, à Piz- « zighione, le quatrième jour de mars de 1525.

« FRANÇOIS. »

Le 20 mai 1530, l'empereur Charles-Quint octroya à Juan de Urbieta un *escudo* ou blason allégorique, qui existe dans l'église d'Hernani, à la gauche du maître-autel, au-dessus de l'endroit où le chevalier fut déposé à sa mort, qui eut lieu le 23 août 1553.

L'église paroissiale d'Hernani fut reconstruite au XVIe siècle. Elle possède un magnifique rétable. Dans sa sacristie existent quelques vieilles peintures, entr'autres un *Ecce Homo*, vu de dos, qui est une œuvre vraiment impressionnable ; les chairs du Christ, ensanglantées et tuméfiées sous la flagellation, sont d'un horrible réalisme.

Pendant la dernière guerre civile, cette église a été transformée en hospice et aussi en forteresse. Elle a été criblée par les projectiles carlistes.

La *Casa consistorial*, adjacente à l'église, n'est plus qu'un monceau de ruines. Servant de dépôt de munitions de guerre, elle sauta dans une explosion formidable vers la fin de 1875.

Hernani a souffert deux bombardements terribles durant cette malheureuse guerre, et ses demeures portent toutes des traces vivantes de la fureur des carlistes, qui ne purent jamais obtenir sa reddition. La vaillante petite ville était défendue par une faible garnison et par ses volontaires. Elle était aussi protégée par le fort de *Santa Barbara*, posé comme un nid d'aigle sur le pic d'une montagne qui fait partie de la *sierra* de Burunza-mendi. Ce fort de *Santa*

Barbara a subi de nombreuses transformations depuis un siècle ; il a été successivement relevé et détruit, et finalement il est devenu une position stratégique importante, qui commande la vallée d'Hernani et celle de l'Oria.

URNIETA.

Le chemin de fer ne s'arrête pas à Urnieta, petit village de 1,200 habitants, situé à environ trois mille mètres d'Hernani, sur le bord de le grande route. Le 8 décembre 1874, une bataille sanglante, dans laquelle les carlistes eurent l'avantage, fut livrée dans ce village, qui depuis a été presque entièrement détruit par le canon de *Santa Barbara*.

ANDOAIN,

où l'on arrive après avoir franchi le tunnel de Azconovieta, est une industrieuse petite ville, bâtie sur la rive droite de l'Oria, à la jonction de la route de Saint-Sébastien par Lasarte avec celle d'Hernani. La station est à peu de distance du centre de la localité. Son église, toute en granit et en jaspe, n'a que peu de mérite quant à son architecture. La *Casa consistorial* est aussi une construction fort ordinaire et, en somme, l'aspect général de la ville est assez pauvre. Elle est peuplée par environ 2,500 habitants.

Andoain a été, durant la première guerre carliste, le centre d'opérations des armées du prétendant. Il s'est livré de rudes combats dans ses environs. Le général isabelliste Manuel Gurrea y perdit la vie le 20 mai 1837 en traversant le vieux pont qui existe encore sur l'Oria ; la légion anglaise y fut fort maltraitée ce même jour, et les prisonniers faits par les carlistes furent massacrés dans l'église, où on les avait enfermés la nuit qui suivit la bataille.

L'auteur s'est laissé raconter par un ancien carliste la scène suivante de cette terrible journée. Vers le soir, les troupes anglo-espagnoles, refoulées sur tous les points, durent battre en retraite sur Urnieta et Hernani, protégées par de l'artillerie et par quelques forces restées en réserve sur la montagne de Burunza. Les carlistes, emportés par leurs succès, tentèrent deux fois, mais inutilement, de couper cette retraite. Un moment ils furent aux prises avec des *highlanders,* qu'ils voyaient pour la première fois, et ils furent stupéfaits en face de pareils hommes ; néanmoins, ils les chargèrent à la bayonnette et en firent un véritable carnage. Après la bataille, un vigoureux carliste, achevant sans doute les blessés, soulevait du bout de sa bayonnette un énorme chasseur écossais et remarquait l'étrangeté de son costume. — Vois-tu, disait-il à un de ses camarades, ce gaillard était si pressé de venir nous faire du mal, qu'il n'avait même pas eu le temps de mettre une culotte.

Andoain a vu naître le célèbre jésuite Manuel de Larramendi, auteur du grand dictionnaire castillan-vasco-latin.

A un kilomètre en amont de la ville a été construite une importante fabrique de tissus de coton, filature, tissage et impression, qui est habilement dirigée par M. Ramon Fernandez, ex-alcalde de Saint-Sébastien. Cette fabrique occupe journellement 800 ouvriers des deux sexes.

En quittant Andoain, la ligne ferrée suit la route et le cours de l'Oria, laissant à sa droite les petits villages si pittoresques de

SORAVILLE & ADUNA,

puis elle franchit l'Oria, sur un pont métallique, en face de

VILLABONA,

industrieuse petite ville de 1,800 habitants, que domine le village de *Amasa*, assis sur une colline. On s'étonne qu'il n'y ait pas une station à Villabona, où cependant on compte quatre fabriques importantes de tissus, de papiers et d'allumettes-bougies.

Villabona est la patrie de Diego de San Pedro, confesseur de Charles-Quint, qui refusa diverses fois l'opulent évêché de Tolède.

IRURA & ANOETA

sont deux petites localités situées l'une à droite, l'autre à gauche de l'Oria. Irura possède une importante fabrique de papiers.

Le village de *Hernialde*, où le curé Manuel Santa-Cruz était desservant au début de la guerre civile, en 1872, est bâti sur une colline, à un kilomètre environ d'Anoeta, au pied du mont Hernio.

TOLOSA.

Une distance de 26 kilomètres sépare cette ville de Saint-Sébastien. Sa population était, en 1870, d'environ 8,200 habitants ; mais elle a dû s'amoindrir depuis la dernière guerre.

Elle est agréablement assise au milieu d'une riante vallée, formée par les monts Hernio et Uzturre, sur la rive gauche de l'Oria. Sa fondation remonte au XIIIe siècle, c'est-à-dire vers l'an 1215 ; cependant, la première fois qu'il fut parlé d'elle dans les actes publics, ce fut en 1256, par une *carta-pueblo* du roi Alphonse-le-Sage, datée de Vitoria.

Cette ville prit vite une grande prépondérance et devint au XIVe siècle un centre politique duquel relevaient, administrativement et judiciairement, 24 localités de la province.

Entourée de fortes murailles et bien défendue par ses troupes volontaires, Tolosa fut pendant longtemps l'arsenal du Guipuzcoa. La Députation provinciale y résidait.

En 1321, à la bataille de Béotivar, les 1,500 soldats Tolosans qui y prirent part décidèrent de la victoire par leur intrépidité et leur bravoure.

Sous Henri III, Tolosa et les localités de tout son district se soulevèrent au nom des *fueros* violés et refusèrent de payer une contribution de 100,000 maravédis qu'on exigeait d'elles au nom du monarque castillan. Le roi dut renoncer à cet impôt et assurer que de telles prétentions ne se renouvelleraient plus de la part de la couronne.

Au xve siècle, on procéda à la démolition des murailles de la ville, afin de lui donner plus d'extension. Elle ne prit aucune part aux luttes intestines qui divisèrent alors la province en deux partis et n'épousa la cause ni des *Gamboinos*, ni des *Oñacinos*, qui se disputaient la prépondérance dans le pays. Tolosa fut toujours vigilante à la conservation des *fueros*. En 1463, un agent du roi Henri IV, qui se trouvait alors à Fontarabie à l'occasion des conférences avec Louis XI, roi de France, voulut exiger des Tolosans un impôt direct sous le nom de *pedido*. Cet agent était israélite et se nommait Gaon. La ville refusa énergiquement cet impôt ; mais Gaon formula des menaces, se croyant fort de la présence du roi dans la province. Dans cette situation, un certain nombre d'habitants se réunirent en conseil et Gaon fut condamné à mort. Il fut saisi et exécuté immédiatement, puis le roi fut informé du sort de son envoyé, qu'il ne songea même pas à venger.

Tolosa était alors à son apogée. Elle prit une part active aux guerres contre la France, armant à ses frais des bataillons entiers et les faisant figurer dans les combats aux postes les plus périlleux. A Noain, en 1521, les Tolosans se couvrirent de gloire. A Socoa et à Ciboure, en 1636, comme à Fontarabie en 1638, ils prêtèrent de signalés services. Mais peu à peu ses forces s'épuisèrent ; les localités qui dépendaient de sa juridiction se séparèrent d'elle, pour former des communes autonomes. A la fin du XVIIIe siècle, Tolosa n'était plus qu'une petite ville isolée, sans forces vitales, sans industrie propre, et tributaire pour ainsi dire de Saint-Sébastien.

Durant la guerre de l'Indépendance, elle fut presque constamment occupée par une garnison française.

La guerre civile, de 1833 à 1840, fit tomber Tolosa au pouvoir des carlistes. Evacuée le 28 février 1874 par les forces libérales, elle eut le même sort pendant la dernière guerre et Don Carlos y séjourna avec sa cour jusqu'en 1876.

Un fait politique important s'est produit à Tolosa en 1849. Le 3 août de cette année, Charles-Albert, roi de Sardaigne, qui venait d'être vaincu à la bataille de Novare par Radetzki, traversait Tolosa, sous un déguisement, fuyant en Portugal. Un accident l'empêcha de continuer sa route et il fut rejoint le soir même par le général La Marmora et par le comte de San Martino, qui lui demandèrent d'abdiquer. Charles-Albert céda à la fin et l'acte d'abdication fut rédigé et signé chez le notaire de Tolosa, Don Juan de Furundarena, en présence du gouverneur civil du Guipuzcoa, Don Vicente de Parga, et du député général de la province, Don Javier de Barcaiztegui. La minute de cet acte est conservée dans les archives du susdit notaire.

Depuis un demi-siècle, Tolosa est devenue une ville très-commerçante. Les environs sont couverts de fabriques de papier, de tissus de coton et de laine, de fonderies de métaux et d'usines de toute sorte. Ses rues sont généralement étroites et mal percées; mais on y remarque quelques édifices notables, entre lesquels on doit citer l'église paroissiale, vaste monument du XVIIe siècle, richement décorée et l'une des plus belles de la province; la *Casa consistorial,* le collége, le palais de justice, la tour de Andia et le palais de Idiaquez. Sur la route de Madrid se trouve le magnifique couvent de San Francisco, construit en 1600 par Fray Francisco de Tolosa.

Resserrée entre deux hautes montagnes, dans une vallée où l'Oria peut à peine passer, Tolosa a été souvent inondée par les eaux torrentielles de la petite rivière.

Cette ville est la patrie de Miguel Aramburu qui fit, en 1696, une *recopilacion de los fueros;* de Bernardo de Atodo, gentilhomme de Philippe III; de Diego de Lazcano, auteur d'un *Essai sur la noblesse des Basques;* de Juan Martinez de Zaldivia; de Tómas de Sorréguieta et d'autres personnages qui illustrèrent la province par leur savoir ou par leur valeur civique.

Entre Tolosa et la frontière de Navarre se dressent les hautes montagnes de la chaîne cantabrique, sur le côté occidental de laquelle s'étagent les villages de IBARRA, BELAUNZA, ELDUAYEN et BERASTEGUI, reliés à Tolosa par une route carrossable qui suit le cours du ruisseau *Berastégui*. Un chemin s'embranche sur cette route à Ibarra, conduisant à Areso (Navarre), par LEABURU et GAZTELU.

Lizarsa est une localité peu importante située sur la route de Navarre, à environ huit kilomètres de Tolosa, sur la rive droite du ruisseau Araxes. Son établissement de bains est à un kilomètre plus loin, au pied du mont Otsabio.

Au nord-ouest de Tolosa est la masse colossale du Hernio, dont le sommet s'élève à près de onze cents mètres au-dessus du niveau de la mer. Les villages de ASTEASU, LARRAUL, ALQUIZA sont assis sur le flanc nord-est de la montagne ; ceux de ALBISTUR, VIDANIA, GOYAR et REGIL sont situés à ses pieds, du côté sud-ouest, le long de la délicieuse route qui relie Tolosa à Azpeitia.

Près de ALBISTUR, sur le bord même de cette route, existe une maison nommée *Olatza,* où mourut subitement, surpris par la maladie, le 27 juin 1851, Don Valentin de Olano, éminent orateur basque et ardent champion des *fueros*. La province du Guipuzcoa acheta la maison de *Olatza* pour y consacrer la mémoire de l'homme de bien qui y exhala son dernier soupir. Une plaque en marbre, scellée sur la porte, rappelle cette perte douloureuse.

ITINÉRAIRE

Lasarte. — Usurbil. — Orio. — Zaraus. — Aya. — Guetaria.— Cestona. — Azpeitia. — Zumaya. — Deva. — Motrico.

Sortant de Saint-Sébastien par l'ancienne route de Madrid qui longe la plage et traverse le quartier *del Antiguo,* on coupe une série de hautes collines, travaillées jusqu'à leur sommet et parsemées de gentilles maisons de campagne. On laisse à gauche un chemin qui conduit à Hernani et l'on débouche sur un plateau dominant le cours de l'Oria à la bifurcation d'une route qui s'embranche sur celle de Lasarte et Andoain, en face du petit village de *Zubieta,* situé sur la rive gauche de la rivière.

LASARTE

est une petite localité du district de Hernani, où des industriels intelligents ont établi d'importantes usines, entre lesquelles on doit citer la filature de MM. Brunet frères et Cie et le moulin à farines de M. Arcelus et fils. La population de Lasarte ne dépasse pas 1,200 habitants.

Le village de *Zubieta* restera à jamais célèbre dans l'histoire du Guipuzcoa. C'est là que le 1er septembre 1813, après l'incendie et le pillage de leur ville par les Anglais, les habitants de Saint-Sébastien se réfugièrent et rédigèrent un manifeste citant le général Wellington, le Régent d'Espagne et le Congrès national au ban de l'opinion du monde civilisé.

A environ deux kilomètres en aval, sur la rive droite de l'Oria, se rencontre la petite ville de

USURBIL,

désignée autrefois sous le nom de *Belmonte de Usurbil* et dont la population totale est de 1,900 habitants. Cette petite ville possède une fort belle église, riche en ornements religieux, mais son principal édifice est la *casa solar* de Saroe, l'un des plus vastes du pays et dans lequel, durant la première guerre civile carliste, la soldatesque détruisit douze belles peintures attribuées à Murillo.

Usurbil est la patrie de D. Diego de Achega, confesseur de Charles-Quint, et de D. Julian de Ibarola, général qui se distingua dans la guerre des Flandres au XVIe siècle.

La route suit toutes les sinuosités de la vallée de l'Oria et parcourt un terrain pittoresque et accidenté.

Le petit *barrio* de Aguinaga, situé à environ deux kilomètres, a servi jadis de chantier de construction à la marine basque. Aujourd'hui encore l'on y construit de petits navires de faible tonnage, qui ont une réputation de grande solidité. Un industriel français, M. Duclerc, a établi en aval du village une fabrique de chaux hydraulique qui occupe beaucoup d'ouvriers.

En face, sur la rive gauche de la rivière, existe la magnifique forêt de *Irisasi,* appartenant aux ayants-droit de l'antique monastère de Roncesvalles.

ORIO

est située à quelques centaines de mètres de l'embouchure de l'Oria. Le roi D. Jaime Ier concéda à cette localité le titre de ville en 1379 et ses successeurs lui donnèrent une grande importance commerciale qu'elle n'a pas conservée, puisqu'elle n'est aujourd'hui habitée que par des familles de pêcheurs. Elle ne possède aucun monument curieux et son aspect, bien que très-pittoresque, est néanmoins des plus pauvres. Sa population est de 1,200 habitants. Orio est la patrie de quelques marins illustres.

La route traversait la rivière sur un pont en bois reposant sur cinq piles de pierre ; mais durant la dernière guerre civile, ce pont fut détruit par les carlistes et maintenant les diligences sont passées d'une rive à l'autre au moyen d'un bac. Les piétons profitent d'une passerelle de construction provisoire.

Après la traversée de l'Oria, la route suit une rampe en zigzags de cinq kilomètres environ, passant au pied du mont Zudugarray, et débouche ensuite par une pente rapide dans la plaine de Zaraus, laissant à gauche un chemin vicinal qui conduit au bourg de Aya.

ZARAUS

est une jolie petite ville de 2,000 habitants, située au fond d'une spacieuse baie et possédant l'une des plus belles plages de la côte cantabrique. Elle est percée de rues larges et régulières, bordées de maisons bien construites. Ses environs sont peuplés de coquettes villas appartenant à de grandes familles madrilènes qui viennent chaque année dans les provinces du Nord passer la saison des chaleurs.

L'église paroissiale de Zaraus, placée sous le vocable de N.-D. de l'Assomption, a été restaurée le siècle dernier. Sa construction primitive remontait au XVe siècle. Les autres monuments principaux de la petite ville sont le couvent des Franciscains, celui des religieuses de Santa Clara, le palais de Narros, construit en 1536 et qui est, au point de vue architectural, l'un des plus beaux édifices de la province ; le palais de Madoz, de construction moderne, et celui du Dr Velasco, dans lequel existait, avant la dernière guerre, un riche musée scientifique ainsi que le plus bel aquarium de ces contrées.

Les alentours de Zaraus sont sillonnés de délicieuses promenades.

Cette ville est l'une des plus anciennes du Guipuzcoa. Les rois catholiques lui donnèrent le *fuero* de Saint-Sébastien en 1237. Son port pouvait, autrefois, recevoir des navires de fort tonnage, et c'est dans son arsenal que fut armé le célèbre navire *Victoria,* à bord duquel Juan Sebastian El Cano fit le tour du monde (1519-1522). Le port actuel ne sert de refuge qu'à de pauvres barques de pêcheurs.

Dans la plaine de Zaraus fut édifiée une grande fabrique de tissus par M. Madoz, et grâce au développement qui lui a été donné par l'honorable M. Vea-Murguia, actuel propriétaire, presque toute la population de la ville trouve là un travail constant et bien rétribué. Il y a dans Zaraus deux ou trois hôtels confortables.

AYA,

dont on aperçoit le clocher dans un repli de la montagne de Pagoeta, qui sépare les vallées de l'Oria et de l'Urola, est à huit kilomètres de Zaraus. Cette localité est fort antique. Elle est peuplée d'environ 2,500 habitants, en comprenant dans ce chiffre les quartiers détachés de Alzola, Elcano, Laurgain et Urdaneta. C'est la patrie de Marcos de Gorostiola, régent de

Naples au XVIe siècle. Au début de la dernière guerre, Aya fut le quartier général des premiers *cabecillas* carlistes.

GUETARIA

Un chemin à moitié détruit par la mer longe la baie et conduit de Zaraus à Guetaria en passant au pied de l'ermitage de Santa Barbara. Ce chemin, qui avait coûté de fortes sommes pour son établissement, fut laissé sans entretien durant la guerre carliste et même il dut être coupé en certains endroits par les soldats du prétendant. C'était autrefois une voie carrossable, formant corniche sur le flanc de la montagne, à huit ou dix mètres seulement au-dessus du niveau des hautes marées ; elle est aujourd'hui d'un accès impossible.

Au mois de mai dernier, trois excursionnistes français, au nombre desquels était un rédacteur du journal la *Gironde,* M. D....., s'y aventurèrent sous la conduite d'un guide, pour aller à Guetaria. Ils eurent à surmonter de grandes difficultés dans le trajet, et peu s'en fallut qu'ils ne payassent cher leur témérité : les rochers se dérobaient sous eux ou glissaient sur le plan incliné qui sert de talus à la gauche du chemin, menaçant de les écraser à chaque pas ; ils arrivèrent néanmoins au but de leur voyage, mais après de grands risques et pas mal de fatigue.

Un autre chemin, le seul praticable en ce moment, s'embranche sur la route d'Azpeitia, entre Zaraus et Oïquina, conduisant à Guetaria. Il y a aussi un sentier qui passe entre Santa Barbara et Garatamendi, allant au même point.

Guetaria est une ville forte très-ancienne, dont la fondation remonte à l'époque de la domination romaine dans les ports cantabres. Les Basques l'établirent pour y réfugier leurs barques de pêche et les mettre à l'abri de la convoitise des conquérants du monde. Elle fut murée et garnie d'ouvrages de défense par ordre du roi Alphonse VIII de Castille, qui signa, en septembre 1209, une *carta-pueblo* concédant aux habitants de nombreux priviléges sur la pêche en haute mer et sur l'exploitation des montagnes voisines. La *Cronica General*, parlant du règne de Alphonse VIII, s'exprime ainsi : « Alors il peupla Castro-de-Urdiales,

« *Guetaria*, Laredo, Motrico, San Andres et « San Vicente de la Barquera, tout cela sur la « côte de la mer. »

Le port de Guetaria est situé entre l'île de San Anton et la montagne de Garate. Il est abrité des vents du Nord-Ouest et offre par cela même un mouillage sûr aux navires de faible tonnage. Au sommet de l'île de San Anton existe une petite forteresse construite vers la fin du XVIe siècle. Une jetée servant de digue relie cette île à la terre ferme.

L'église paroissiale, placée sous le vocable de San Salvador, est un des rares monuments gothiques des provinces basques. Elle est dans un état déplorable, ayant beaucoup souffert durant les divers bombardements que les carlistes ont infligé à la ville dans la dernière guerre, comme dans celle de sept ans.

En 1638, la baie de Guetaria fut le théâtre d'un épisode maritime très-important dans l'histoire. La flotte espagnole, sortie des ports de La Corogne et de Vigo, sous le commandement de l'amiral Lope de Hoce, allait au secours de Fontarabie assiégée par Condé et étroitement bloquée du côté de la mer par François de

Sourdis, archevêque de Bordeaux et amiral des flottes françaises. Les vents contraires obligèrent Lope de Hoce à se réfugier dans la baie de Guetaria et à y séjourner assez de temps pour permettre à Sourdis de profiter de sa situation précaire. En effet, le 22 août 1638, l'archevêque, se portant vers les côtes de Biscaye avec 18 gros vaisseaux, plusieurs brûlots et des bâtiments légers, attaqua la flotte espagnole. Celle-ci, ne pouvant manœuvrer, fut entièrement détruite, coulée bas ou brûlée ; il ne se sauva qu'un seul navire, le *Santiago,* qui fut s'échouer dans le port, sous le canon du fort de San Anton. Ce désastre coûta à l'Espagne onze navires de haut bord, huit galions et quelques autres bâtiments de moindre importance (1).

Le célèbre marin Sébastien El Cano, qui le premier fit le tour du monde, naquit à Guetaria vers 1476. En 1519, lorsque Magellan et Falero préparaient à Séville leur expédition pour la recherche d'un détroit unissant l'Atlantique à la mer des Indes, El Cano se présenta à eux et fut

(1) C'est par erreur que Gorosabel, dans son *Dictionnaire du Guipuzcoa*, page 208, attribue ce fait de guerre à une escadre anglaise.

nommé premier maître du navire *Concepcion*, commandé par le capitaine Gaspar de Quesada.

Le 27 septembre de la même année, la flottille de Magellan quitta le port de San-Lucar-de-Barrameda, se dirigeant vers les Canaries ; après avoir touché à Ténériffe, l'équipage du navire *Concepcion* se souleva et le commandement en fut confié à El Cano. La navigation continuait pénible et accidentée, lorsqu'en novembre 1521, après avoir découvert le chemin de l'Océan Pacifique, Magellan fut tué dans l'île de Zébu, qui fait partie du groupe des Philippines. Il fut remplacé par le capitaine Espinosa, qui commandait la *Victoria*, et ce dernier navire passa sous les ordres de El Cano. Après un court séjour aux îles Moluques, la *Victoria* fit route vers l'Europe, laissant les autres navires de l'expédition en assez mauvais état dans la mer des Indes.

El Cano arriva à San-Lucar-de-Barrameda le 6 juillet 1522, après trois ans de navigation. Il alla d'abord accomplir un vœu à Séville, dans l'église de N.-D. de la Victoire, puis il se rendit à Valladolid, où l'attendait Charles-Quint. L'empereur le reçut bien, lui donna des lettres de noblesse et un écusson formé d'un globe terrestre avec cette devise : *Primus circumdedisti me.*

En juillet 1525, une nouvelle expédition partit d'Espagne pour les Moluques, sous le commandement supérieur du général Loaisa ; El Cano fut choisi comme guide ou pilote de l'escadre. Dans les parages du détroit de Magellan, une violente tempête faillit détruire les navires espagnols, et Loaisa mourut par suite des fatigues, laissant à El Cano le soin de mener à bien l'entreprise. Cinq jours après, Sébastien El Cano succombait à son tour.

Ses compatriotes lui élevèrent une statue en 1800, qui fut détruite durant la première guerre carliste. En 1870, la province en fit édifier une autre, que l'on voit aujourd'hui sur un piédestal dominant les murailles du port.

Guetaria est aussi la patrie de Don Joaquin Baroeta Aldamar, qui fut diverses fois délégué du Guipuzcoa auprès du gouvernement de Madrid, durant la période de 1845 à 1866.

Aldamar seconda au Sénat, en 1864, l'éminent jurisconsulte basque Don Pedro de Egaña, dans l'admirable défense que celui-ci fit des institutions forales, attaquées d'une façon si déloyale par le sénateur Sanchez Silva (1).

Baroeta Aldamar mourut à Madrid en octobre 1866.

Guetaria a énormément souffert durant la dernière guerre. Les carlistes l'ont bombardée à deux reprises et ont tenté divers assauts qui furent toujours repoussés par la garnison de la place et par les volontaires.

La population actuelle de cette petite ville ne s'élève pas au-dessus de 1,100 âmes.

CESTONA

est une petite ville située sur la rive droite de l'Urola, à environ moitié chemin de Zaraus à Azpeitia ; l'on y arrive par une belle route qui suit depuis Oiquina, où s'embranche le chemin de Deva, toutes les sinuosités et les caprices de

(1) Les discours de S. E. D. Pedro de Egaña et de Baroeta Aldamar produisirent une grande sensation en Espagne. La députation forale du Guipuzcoa, après un vote unanime des Juntes, les fit imprimer à Tolosa. Ils constituent la valeur d'un fort volume in-octavo et sont, au point de vue historique, des documents de la plus grande autorité.

la rivière. Cestona fait partie de la juridiction d'Azpeitia. C'est une localité de 2,300 habitants, bien bâtie, très-propre, et entourée de belles fermes et d'antiques châteaux. Ses environs sont bien cultivés et d'un aspect pittoresque. Des montagnes qui l'avoisinent on tire du marbre, du jaspe et du cristal de roche. Son industrie consiste dans l'exploitation de fonderies et de moulins à farine.

Il existe près de Cestona un important établissement de bains d'eaux thermales placé entre deux montagnes sur la rive gauche de l'Urola. Diverses sources, habilement captées, donnent un débit d'environ cinquante litres d'eau par minute à la température de 33° centigrades. Ces eaux sont purgatives à la dose de trois ou quatre verres et rendent des services efficaces employées en bains, douches et lotions. Elles équivalent, pour leur effet, à celles de Bourbonne-les-Bains, de Saint-Sylvain et de Lucca, dans les affections chroniques.

L'établissement des bains de Cestona, où plus de 200 personnes peuvent être commodément logées, possède tous les agréments désirables. Le service y est fait avec beaucoup de goût et une grande propreté.

Durant la saison d'été il vient beaucoup de baigneurs à Cestona, de tous les points de l'Espagne.

Les villages de Aizarna et de Arrona font partie du district de Cestona, ainsi que les quartiers de Lasao et de Alzolaras.

AZPEITIA.

Cette importante localité est située au pied du mont Itzarraiz, à la jonction de l'Urrestilla et de l'Urola. Elle est le chef-lieu d'un *partido* judiciaire et le centre d'un grand commerce. Sa population actuelle est d'environ 6,400 habitants.

La fondation de cette ville fut ordonnée par le roi Ferdinand IV, suivant un document daté à Séville le 20 février 1310.

Jusqu'au xve siècle elle ne fut désignée que sous le nom de Salvatierra de Iraurgui. Les quartiers de Aratcerreca, Elociaga, Nuarbe, Urrestilla, Loyola et Odria lui ayant été adjoints, elle prit le nom de Azpeitia.

Entre les monuments les plus remarquables

de cette ville, ceux qui méritent une mention spéciale sont l'église paroissiale, placée sous le vocable de saint Sébastien, la chapelle de la Soledad, qui lui est attenante, la maison de ville et la *Casa Misericordia.*

Il existe aussi de vieux édifices, dignes de l'attention des visiteurs, dans le voisinage de l'église paroissiale.

Cette église, dont l'architecture ne saurait être exactement définie, tient du gothique et du roman à la fois. La tradition prétend qu'elle fut construite par les Templiers et qu'elle devint propriété de la couronne de Castille par concession papale, après l'extinction de l'ordre.

Plus tard, elle fut échangée par la maison de Guevarra contre un domaine en Alava, et passa ainsi comme héritage aux mains des seigneurs de Loyola. La ville d'Azpeitia la revendiqua en 1568, et, après un long procès rempli d'incidents, obtint, en 1579, un arrêt royal qui lui donna, sinon la propriété immobilière, du moins l'usufruit du temple.

Le portail de l'église d'Azpeitia, tout entier en jaspe et granit, fut construit d'après les dessins de l'architecte Ventura Rodriguez.

Dans l'intérieur de l'édifice on remarque diverses chapelles privées, richement ornementées; dans l'une d'elles est le sépulcre de D. Martin Zurbano, évêque de Tuy. Le maître-autel est surchargé de sculptures d'un goût douteux. On montre aux visiteurs les fonts baptismaux où Ignace de Loyola reçut le baptême.

Dans la chapelle de la Soledad on voit une image en argent représentant saint Ignace et aussi un magnifique mausolée en marbre, dans lequel repose Don Nicolas Saenz de Elola, fondateur de la chapelle.

A demi-heure d'Azpeitia, sur la route qui conduit à Azcoitia, au centre d'un immense cirque naturel dont les gradins monstrueux sont couverts d'arbres séculaires, se dresse un monument unique, une masse de granit, que couronne un dôme gigantesque : c'est le monastère de Loyola.

Quoique inachevé et écrasé par le voisinage des montagnes, cet édifice, vu à distance, est d'un aspect grandiose. Sa construction, ou pour mieux dire le commencement de son édification, date de 1682. C'est, dit la chronique, sur les instances du R. P. Nithard, que la mère de

Charles II, Anne d'Autriche, fit élever à l'endroit même où naquit Ignacio de Loyola, le monastère et le collége que l'on ne put achever à cause d'un interdit royal signé par Charles III.

Dans l'enceinte est enclavée la *casa solar* de Loyola. Cette demeure fut transmise par héritage à la famille des marquis d'Alcañices y Oropesa, de qui Anne d'Autriche l'acheta en 1681, sous les conditions suivantes :

1° Dans la façade de l'édifice projeté, au-dessous des armes royales, une inscription indiquerait que la cession de la *casa solar* et de l'immeuble était un acte volontaire;

2° Sur les parois du monument il serait placé des inscriptions semblables ;

3° Pour maintenir intégrale la maison de Loyola, aucune œuvre ne serait faite qui pût détruire ou modifier sa structure ;

4° Dans cette maison il serait réservé une habitation décente pour les marquis, dont ils pourraient jouir à leur convenance ;

5° Dans l'église il serait édifié, pour eux et leurs descendants, la meilleure chapelle, avec leurs armes, où ils auraient droit d'être ensevelis ;

6° Tous les terrains dépendants de Loyola seraient évalués et remplacés par d'autres au profit du majorat;

7° Toutes ces conditions expresses seraient garanties par un acte signé de la main du roi.

Les travaux furent commencés dès 1684, sous la direction de Carlos Fontana, élève de Herrera, et continués avec lenteur par ses successeurs, jusqu'en 1766, avec les deniers de la Compagnie de Jésus, ou à l'aide de dons volontaires, qui venaient de tous les points du globe.

A vol d'oiseau, le monastère représente un aigle aux ailes déployées. La chapelle et le péristyle figurent la tête de l'oiseau impérial; les deux ailes s'étendent dans les bâtiments du couvent et du séminaire; celle de gauche n'est pas achevée : les ronces et la mousse ont envahi ses murailles, le corps est simulé par les cloîtres et d'autres bâtiments, la queue s'étale dans les jardins.

C'était une singulière manie que celle de construire d'après une donnée symbolique plus ou moins puérile, et de suivre un canevas tracé par la fantaisie, bien plus que par l'art ou les besoins. C'est Philippe II qui mit de mode une telle excentricité, lorsqu'il exigea de Juan Bautista l'édification de l'Escurial sur la forme d'un gril immense, en exécution du vœu qu'il fit à saint Laurent, le jour de la bataille de Saint-Quentin, comme réparation d'une insulte faite à ce saint en canonnant une église placée sous sa protection dans laquelle les Français s'étaient fortifiés.

De loin, je le répète, le monastère de Loyola produit un effet grandiose ; de près, l'on constate que l'œil a été victime d'une certaine illusion.

La chapelle, entièrement construite en marbre, depuis les assises jusqu'au sommet de la coupole, qui atteint la hauteur de 57 mètres, est de forme ronde, comme le Panthéon.

Son péristyle, d'une richesse sculpturale indéfinissable et auquel conduit un escalier magistral, en marbre de couleur, dont les rampes sont gardées par les lions héraldiques de l'Espagne, est orné de colonnes corinthiennes, qui soutiennent un fronton demi-circulaire, amas de moulures, d'enlacements, fouillés, ciselés, mis en relief par les burins des plus grands artistes du XVIIIe siècle. Au centre, dominant l'entrée principale, le blason royal de Castille et Leon s'appuie sur les colonnes d'Hercule, enlacées dans la bande du *plus ultra* des rois catholiques. Les entre-deux sont ornés des statues de saint Ignace, saint François-Xavier, saint François de Borja, saint Stanislas de Koska et saint Louis de Gonzague, tous de la Compagnie de Jésus.

L'intérieur du temple est splendide, mais de mauvais goût. Le maître-autel, tout en marbre jaune et rose, incrusté de bronze et de malachite, représente une valeur artistique considérable ; mais il est trop chargé, trop surmené, trop boursouflé par la main du sculpteur. Les rétables des autels secondaires sont d'un style plus sévère et plus modéré ; la voûte est décorée de fresques aussi riches que ridicules ; les jubés qui flanquent les piliers, en avant du maître-autel et près de l'entrée, sont dignes de figurer dans une pagode : ils sont en fer ouvré, couverts d'une couche de peinture verte et ornés d'enjolivures en métal doré.

Les mosaïques du parvis sont fort belles. Les statues distribuées autour du temple et placées dans des niches, de chaque côté des autels, ont une expression singulière, pour ainsi dire vivante. Les sculpteurs espagnols ont, d'ailleurs, poussé jusqu'aux dernières limites le réalisme et la couleur dans leurs travaux d'église.

L'art froid et concis des sculpteurs français ne pouvait convenir dans les sanctuaires de l'Inquisition ; il fallait, pour frapper les esprits, des statues coloriées, revêtues d'habits véritables, ayant toutes les apparences de la vie.

On sort meurtri du sanctuaire de Loyola ; le cerveau est comme enserré dans cette masse de marbre, polie et froide comme un glacier, qui vous écrase de tout son poids.

La maison où naquit Ignace de Loyola a sa façade dans une petite cour garnie d'arceaux, qui sépare la chapelle du collége. C'est une construction en briques rouges et pierre, ornée de pignons latéraux, élevée seulement d'un étage au-dessus du sol.

Pour les besoins de l'ordre et pour accomplir les conditions du contrat qui les liait, les fondateurs aménagèrent l'intérieur de l'immeuble et y ajustèrent les deux étages actuels, qui sont bas de cerveau et disproportionnés à leur surface.

Au-dessus de la porte d'entrée on peut lire la suivante inscription, gravée en lettres d'or sur marbre noir : *Casa solar de Loyola. Aqui nacio S. Ignacio en 1491. Aqui visitadò por S. Pedro y la S. S. Virgen, se entrego á Dios en 1521.*

Les armes de la famille Loyola sont sculptées sur un carré de pierre, au-dessus de cette inscription. Elles représentent deux chiens ou deux loups se disputant le contenu d'un vase suspendu à une chaîne. Un bel escalier en chêne ciré conduit au premier étage de la maison, entièrement garni de confessionnaux et de petites chapelles. Les murs sont ornés de vieilles peintures de certain mérite ; les plafonds sont formés de caissons et de moulures d'une grande richesse. Au second étage existe une spacieuse chapelle avec trois autels incrustés d'argent par le célèbre ciseleur Daniel Gutierez, à l'endroit même où, dit-on, saint Pierre et la Vierge apparurent au chevalier Ignacio de Loyola, convalescent des blessures qu'il avait reçues au siége de Pampelune. Les meubles et les objets contenus dans cet étage ont une grande valeur artistique et historique.

Les sculptures sur bois qui décorent les plafonds sont peintes avec beaucoup d'habileté. Elles reproduisent des scènes de la vie de saint Ignace ; l'une d'entr'elles représente un sermon fait à Azpeitia, en plein champ, par le chevalier de Loyola ; les personnages y sont détaillés avec une minutie et un art admirables. Ces sculptures sont dues au ciseau du portugais Jacinto de Vieyra.

C'est dans cette pièce que fut conçu le chef-d'œuvre d'astuce et de duplicité qui servit de base fondamentale à l'ordre des Jésuites ; c'est là que prit naissance cette puissante mais souterraine société, que le général Foy, dans un discours resté célèbre, comparait à une épée à deux tranchants, dont la lame couvrait la surface du globe et dont la poignée était à Rome.

Les quatre initiales A. M. D. G., qui sont incrustées sur le frontispice du monastère, dénoncent la devise apparente de la Compagnie : *Ad Majorem Dei Gloriam.*

Les trois autres, P. A. C., qui étaient sur le seuil de la principale porte du couvent, et que l'usure a effacées, dénonçaient l'impérieuse et inflexible : *Perindè ac cadaver,* qui est sa devise secrète.

Quelques membres de la Compagnie résident dans le monastère dont ils ont l'entretien.

En 1869, la riche bibliothèque du couvent fut transportée à Saint-Sébastien où l'on en fit peu d'usage, mais elle fut restituée à la fin de la guerre civile et placée dans le lieu qu'elle devait occuper.

A la droite du corps principal du bâtiment se trouve une hôtellerie, où les voyageurs peuvent trouver un bon accueil ; ce sont les jardiniers de Loyola qui l'administrent.

Depuis 1855, le monastère de Loyola est propriété provinciale du Guipuzcoa.

Le 31 juillet de chaque année on célèbre dans l'église paroissiale d'Azpeitia la fête de saint Ignace de Loyola ; le lendemain, une grande cérémonie religieuse a lieu au monastère. Toutes les autorités civiles et militaires du pays ont le devoir d'y assister (1).

(1) Expulsés d'Espagne par un décret daté du 12 octobre 1868, les Jésuites n'ont pu encore réoccuper légalement le monastère de Loyola, si ce n'est durant la période de la guerre civile. Ils viennent d'obtenir une quasi-tolérance à cet égard et le 1er août 1877 ils ont repris possession du couvent, de l'église et de leurs dépendances.

ZUMAYA.

Laissant à gauche la route d'Azpeitia, en venant de Zaraus, on traverse l'Urola à *Oiquina,* pour se rendre à Zumaya. Le trajet de quelques kilomètres que l'on doit faire est des plus agréables à cause de la variété des sites et de l'étrange beauté du paysage.

Zumaya est une localité de 1,500 habitants, située presque à l'embouchure de l'Urola, sur une presqu'île désignée sous le nom de Santa-Clara. C'est une antique cité romaine, qui fit partie de la république des *Morosgi.* Dans son district se trouvent les villages de *Artadi, Aizarnazabal* et *Oiquina.*

L'église de Zumaya est d'une belle construction. Sa fondation doit remonter au XIIIe siècle, mais elle fut restaurée au XVIe ainsi que vers la fin du XVIIIe. Elle fut pendant longtemps la propriété des moines de Roncesvalles, mais un bref du pape Innocent X la remit au pouvoir de la ville.

Les habitants de Zumaya se livrent généralement à la culture des champs et à la pêche.

L'Urola est très-poissonneuse et l'on y trouve en abondance des saumons, des truites, des loubines et des soles.

Les personnages les plus notables originaires de cette localité sont : José Ibañez de Sasiola, qui fut ambassadeur d'Espagne à Londres, et Juan de Olazabal, conseiller intime de Philippe IV et trésorier-général de la Sainte-Inquisition.

Une route passant à *Iciar,* village dont l'antiquité est reconnue et dont l'église est remarquable à tous les points de vue, conduit de Zumaya à

DEVA

ville maritime de 3,000 habitants, connue autrefois sous la dénomination de Monréal de Deva, assise au pied des montagnes de Anduz, sur la rive droite de la *Deva,* petite rivière qui descend de la *sierra* de Arlaban, située aux confins du Guipuzcoa, de l'Alava et de la Navarre.

Le port de Deva est accessible seulement aux navires de faible tonnage, à cause des ensablements qui obstruent son embouchure et que l'on n'a pu jusqu'à ce jour empêcher.

La ville est bien construite, percée de sept ou huit rues et de diverses places. Son église paroissiale, qui date du XIVe siècle, est fort belle. Elle possède un hôpital, une douane de 3e classe et des écoles d'enseignement primaire et secondaire.

Deva était autrefois un centre commercial de certaine importance, car c'est dans sa rivière que se chargeaient les produits de la Navarre et de la Vieille-Castille, qui n'avaient pas encore de débouché par Bilbao et Saint-Sébastien. En ce moment, le commerce de Deva est presque insignifiant et se réduit à l'exportation du poisson de mer. Sa plage est très-fréquentée par les baigneurs.

Dans les montagnes des environs on exploite de riches carrières de marbre et des mines de charbon de terre. C'est dans le territoire de Deva, sur le flanc de la *peña* de Yciar et en face du village de Mendaro, que se trouve la célèbre source de *Quilimon,* qui a tant occupé le monde scientifique. Cette source est intermittente. Elle débite habituellement de grandes quantités d'eau ; mais elle s'arrête parfois d'une manière subite et suspend son travail pendant des heures entières, sans que rien puisse expliquer la cause d'un semblable phénomène.

Un chemin vicinal longeant la côte conduit de Deva à

MOTRICO

petit port très-fréquenté par les caboteurs et situé au fond d'une baie que les hauteurs de l'atalaya de San Nicolas préservent des vents d'Ouest.

Motrico est peuplé d'environ 3,000 habitants. On croit que le nom de cette ville est composé des mots *monte* et *trico* ou *tricua*, désignation d'une montagne voisine. D'autres prétendent que c'est l'antique *Tricium Tuboricum* dont parlent Ptolémée et Pomponius Mela.

Quoiqu'il en soit, le roi de Castille Alphonse VIII ordonna la construction ou reconstruction de la ville et du port, par un acte signé à Saint-Sébastien le 1er septembre 1209.

Motrico fut détruite par un violent incendie, le 18 septembre 1553, puis rebâtie vers la fin du XVIe siècle.

Parmi ses monuments, les plus remarquables sont : le palais de Montalivet, orné de peintures de grand mérite ; la tour de Barrencale ; le palais de Idiaquez ; celui du général Gastañeta, où l'on voit le portrait du célèbre marin D. Cosme de Churruca et une épée qui lui fut offerte par Napoléon Bonaparte.

L'église paroissiale est de construction moderne. Elle a été édifiée dans la première moitié de ce siècle sur les plans de l'architecte Silvestre Perez.

C'est D. Cosme Churruca qui en posa la première pierre. Dans la sacristie de ce temple se trouve une magnifique peinture de Murillo, représentant l'agonie du Christ.

Il existe deux autres églises dans le district de Motrico : celles de San Andres de Astigarribia et de N.-D. de Azpilcueta, dans la vallée de Mendaro.

Des montagnes qui dominent Motrico, la plus élevée est le mont Arno, dont l'altitude est de 2,245 mètres. On tire de cette montagne des marbres de couleur et du jaspe.

On cite parmi les notabilités qui ont vu le jour dans cette ville, le général de Gamboa, l'amiral Vidazabal et D. Cosme de Churruca, qui mourut à la bataille de Trafalgar, en 1805.

La population de Motrico vit presque exclusivement du produit de la pêche. Il y a dans ses environs quelques fabriques de conserves de poisson qui occupent un certain nombre d'ouvriers.

ITINÉRAIRE

Azcoitia. — Elgoibar. — Eibar. — Placencia. — Vergara. — Zumarraga. — Beasain. — Villafranca, etc.

AZCOITIA.

En suivant la route qui conduit d'Azpeitia au monastère de Loyola, en remontant le cours de l'Urola, on arrive à Azcoitia, ville de 4,500 habitants, assise au pied de la haute montagne de Itzarriz. C'est une des plus anciennes cités du pays basque, et certains auteurs croient même que c'est l'antique *Segontia* des Vardules (Donoso Cortès).

Au moyen-âge on la nommait *Miranda de Iraurgui,* mais le roi Alphonse XI lui ayant concédé le titre de ville, elle devint *San Martin de Iraurgui,* puis finalement Azcoitia.

L'église paroissiale de cette ville fut construite par les Templiers et demeura leur propriété jusqu'en 1314, époque de l'extinction de l'ordre. Elle passa ensuite au domaine de la couronne et prit le nom de *Santa Maria la Real.*

Cet édifice religieux fut reconstruit en 1578, sur les plans des architectes Juan de Lizaranzu et Martin de Armendia. L'orgue fut exécuté seulement en 1648 et le maître-autel en 1660. La tour du clocher fut réédifiée en 1742, ayant été détruite par la foudre l'année précédente.

C'est une construction somptueuse dans son ensemble, ornée de riches autels et belles sculptures. Lorsque l'on procéda à son inauguration et à la translation du Saint Sacrement et des reliques qui reposaient dans l'antique chapelle de Balda, située extrà-muros, un héritier de ce nom, qui portait pour devise sur son blason : *Balda antes que Azcoitia,* crut ses prérogatives méconnues et voulut s'opposer par la force à la violation de ce qu'il appelait ses droits. Embusqué derrière le portail de sa demeure, il tira un coup d'arquebuse sur le prêtre officiant et le tua ; il eut le temps de fuir à l'aide d'un vigoureux cheval et de gagner la frontière avant que ceux mis à sa poursuite aient pu l'atteindre. Mais l'indignation populaire fut si grande dans Azcoitia que la *casa solar* de Balda fut rasée de fond en comble, les matériaux en furent brûlés et dispersés, puis l'on répandit du sel sur l'emplacement qu'elle avait occupé.

Azcoitia est la patrie des Idiaquez, personnages qui remplirent de hautes fonctions en Espagne ; du comte de Peñaflorida, qui fonda en 1729 la célèbre Société Royale Vascongade.

Non loin de la ville, dans le vallon de *Larramendi,* se trouve la fontaine d'eau sulfureuse de San Juan de Dios, près de laquelle on a construit un confortable établissement de bains.

Une route accidentée, tortueuse et très-pittoresque, conduit de Azcoitia à Elgoibar, en traversant le col de Azcarete, qui divise les versants de l'Urola et de la Deva.

ELGOIBAR

est une ville de 2,000 habitants, fondée en 1346 par Alphonse XI. Elle n'était auparavant qu'une petite réunion de *caserios*, dépendant de la juridiction de Marquina de Yuso, et s'intitula dès lors Villanueva de Marquina. Elle ne prit le nom de Elgoibar qu'en 1463.

La première église d'Elgoibar fut celle de San Bartolomé de Olaso; située sur une petite hauteur hors des murs de la ville et que les

Templiers avaient construite. Cette église fut abandonnée en 1678 et une véritable église paroissiale fut construite dans l'intérieur de la ville. Celle-ci menaçant ruine, fut réédifiée le siècle dernier et l'on ne conserva de l'ancienne que le portail de sa façade, qui est fort curieux par son ornementation.

Vue du côté de la Deva, sur la rive droite de laquelle elle est assise, Elgoibar présente un aspect très-pittoresque ; ses maisons baignent leur pied dans la petite rivière traversée çà et là par des ponts très-hardis ou des passerelles légères.

Son industrie est toute entière dans la fabrication des armes à feu et dans quelques minoteries.

C'est à Elgoibar que naquit Don Eugenio de Larumbide, ministre et conseiller d'Etat sous Ferdinand VII.

EIBAR

est située à environ six kilomètres d'Elgoibar. On y arrive par une route magnifique, qui longe la Deva jusqu'à Malzaga, puis tourne à droite vers l'ouest, laissant à gauche la route de Placencia et Vergara.

Cette industrieuse ville, peuplée d'environ 3,500 habitants, est assise dans une jolie vallée au pied de la montagne d'Arrate (ou d'Arriarte) que couronne un ermitage célèbre.

C'était autrefois une importante cité, de laquelle dépendait un territoire étendu. Elle était murée et protégée par des tours. Ses demeures attestent une antique noblesse et de leur nombre on cite les maisons de Urquizu, de Unzueta, de Ulzaga, de Isasi, etc., etc.

L'église paroissiale, placée sous le vocable de saint André, est d'une antiquité incontestable. C'est un des plus beaux monuments religieux de la province. Ses voûtes sont très-élevées et ses autels richement ornés.

Au quatorzième siècle, Eibar se nommait Villanueva de San Andres, ainsi qu'en font témoignage les écrits de Garibay et de Isasti. Elle fut favorisée par certains priviléges relatifs à son industrie, dans le milieu du quinzième siècle.

Eibar possède quelques fabriques d'armes, au nombre desquelles les plus importantes sont celles de MM: Larranaga, Ibarzabal, Orbea hermanos et Zuloaga. Les ouvriers de ces fabriques sont arrivés à la perfection dans leur métier ; ils excellent surtout dans les incrustations et le damasquinage des armes blanches et des objets d'art.

Entre les fils les plus illustres de Eibar, on doit spécialement citer Fray Andres de Ubilla, évêque de Chiapa ; Domingo Martinez de Orbea, chevalier de Santiago et trésorier de Charles-Quint, et le capitaine Albizuri, général dans les mers du Sud. C'est à Eibar que mourut en 1634, le 11 mai, l'infant Francisco Fernando, fils de Philippe IV, qui était venu en Guipuzcoa étudier avec le professeur Isasti Idiaquez.

Eibar a beaucoup souffert durant l'invasion française en 1794, ainsi qu'en 1834 pendant la première guerre carliste.

PLACENCIA

est une antique cité basque située sur la rive droite de la Deva, à sept kilomètres d'Elgoibar. Elle est entourée de riantes montagnes, admirablement cultivées. Sa population est de 2,000 âmes. Au point de vue de l'art, élle ne possède rien de notable ; son église n'a aucun mérite.

Sur la rive gauche de la rivière se trouve l'importante fabrique d'armes *La Euskalduna,* qui occupe journellement trois cents ouvriers et est dirigée par un officier supérieur d'artillerie délégué par le gouvernement de Madrid. On y fait d'excellentes armes à feu à l'aide d'un matériel perfectionné et mis au niveau de tous les progrès de la science.

Une jolie route, remontant le cours de la Deva, traverse le village des *Martires,* laisse à sa droite la *sierra* de Elgueta et le village de ce nom, franchit la rivière sur un joli pont et conduit à

VERGARA,

ville de 6,000 habitants, assise dans une petite plaine dominée par les montagnes de Elosua, Murquizu, Sospechu et Otzaiz. On fait remonter au XIe siècle l'époque de sa fondation. Il est vrai de dire que son nom est cité dans un acte signé par D. Sancho de Navarre en 1050. Le roi Alphonse-le-Sage lui concéda, en 1268, le titre de ville.

C'est à Vergara que fut installée, en 1764, la

Société Royale Vascongade, qui distribua tant de richesses et de bienfaits dans les trois provinces. Le séminaire fut fondé quelque années plus tard.

Cette ville fut occupée, en 1794, par l'armée française. En 1835, le général carliste Zumalacarregui s'en empara après un siége de peu de durée. En 1873, elle tomba une seconde fois aux mains des carlistes.

C'est dans la plaine située non loin de la ville, sur la route de Madrid, en face du *barrio* de San Antonio, que se traita le célèbre *convenio* du 31 août 1839, entre les généraux Espartero et Maroto.

Vergara est une ville bien construite, percée de larges rues et de places spacieuses, possédant de jolis édifices, deux églises, un grand collége et un couvent où des religieuses se dédient à l'enseignement des jeunes filles. Le séminaire, devenu institut provincial, a été transféré à Saint-Sébastien.

L'église de Saint-André, située au centre de la ville, est un monument vaste et très-solide, mais sans architecture. Dans une de ses chapelles existe une remarquable sculpture de

Martinez Montañés, qui représente le Christ à l'agonie en grandeur naturelle. Cette église fut construite avec les matériaux du château-fort de Elosua.

L'autre église paroissiale fut édifiée en 1542, d'après les plans de l'architecte Leturiondo. Il y a dans ce temple divers objets d'art notables, tels que les statues dues au ciseau de D. Luis Salvador, qui ornent le rétable du maître-autel, et un tableau représentant le Santo Cristo de Burgos.

Autour de la ville il existe plus de 30 ermitages, presque tous placés sur des monticules ou dans des situations pittoresques ; les plus célèbres sont le monastère de San Miguel de Areceta, celui de San Marcial et celui de Santa Ana, dans la chapelle duquel on conserve un pupitre portatif ayant appartenu à saint Francisco de Borja.

Le commerce de Vergara est assez développé et son industrie consiste dans une grande fabrique de tissus occupant 600 ouvriers ; une fabrique de chaudières en cuivre ; une autre de papier et de carton ; divers moulins à farine et une fonderie.

Vergara a vu naître quelques hommes illustres, entre lesquels on cite D. Antonio de Rios y Rosas, auteur de divers ouvrages littéraires et traducteur des œuvres de saint Augustin ; D. Gabriel de Mendizabal, général qui se distingua dans la guerre de l'Indépendance ; Hernan Martinez de Izaguirre, secrétaire d'Isabelle-la-Catholique, et D. Lucas de Vergara, maître de camp aux îles Philippines.

Une route tortueuse traversant le village de *Anzuola* et le col de *Descarga,* où les diligences ne peuvent être traînées que par des bœufs, conduit à

ZUMARRAGA ,

station importante des chemins de fer du Nord de l'Espagne.

La ville est très-restreinte , mais sa position promet de lui donner un grand développement commercial.

Elle possède quelques bons hôtels et diverses fabriques. Son église est de belle construction, dotée d'un portail remarquable.

Zumarraga est la patrie de D. Miguel Lopez de Legazpi, conquérant des îles Philippines.

Cette ville est en communication directe avec tous les points de l'intérieur de la province par l'intermédiaire des diligences de *D. Marcelino Ugalde,* entrepreneur de transports, commissionné par la Compagnie des chemins de fer du Nord de l'Espagne. *(Voir l'annonce d'autre part.)*

La petite localité de VILLARÉAL, attenante à Zumarraga, est située au pied du mont Irimo, à cinq cents mètres environ de la station du chemin de fer. Elle possède une jolie église, une *casa consistorial,* un hôpital et quelques monuments très-anciens. Sur le flanc du mont Irimo se voit le magnifique château de Ipenarrieta, remarquable par son architecture et ses grandes dimensions.

Villaréal est la patrie du *guerillero* Gaspar de Jauregui (El Pastor), qui servit dans la guerre de l'Indépendance contre les Français et qui, dans la première guerre carliste, joua un rôle important. Il mourut à Vitoria en 1844. Ses restes reposent dans l'église de son lieu de naissance.

CAMINOS DE HIERRO
DEL NORTE DE ESPAÑA.

SERVICIOS DE REEXPEDICION.

Se recuerda al público que esta Compañia tiene establecido, bajo la direccion de D. Marcelino UGALDE, un servicio de reexpedicion entre Zumarraga y los puntos que á continuacion se expresan, con arreglo á los precios y condiciones siguientes :

DESDE ZUMARRAGA á los puntos siguientes	DISTANCIAS en kilometros	PRECIOS de los asientos	EQUIPAGES Exceso de peso por cada 40 kilogramos	ENCARGOS por cada 10 kilog.	SALIDA DE ZUMARRAGA mañana	tarde
	K.	R. C.	R. C.	R. C.	horas	horas
Placencia......	18	14 »»	1 50	1 50	9 30	5 30
Alzola........	28	25 »»	2 50	2 50	9 30	5 30
Deva.........	38	30 »»	3 50	3 50	9 30	5 30
Motrico......	44	35 »»	3 50	3 50	9 30	5 30
Saturraran....	46	37 »»	4 »»	4 »»	9 30	5 30
Ondarroa.....	47	37 »»	4 »»	4 »»	9 30	5 30
Lequeitio.....	57	46 »»	5 »»	5 »»	10 30	»
Marquina.....	38	33 »»	3 »»	3 »»	10 30	»
Elgoibar	23	16 »»	1 50	1 50	10 30	5 30
Urberuaga....	39	33 »»	3 »»	3 »»	10 30	5 30
Azcoitia......	12	8 »»	1 »»	1 »»	9 30	5 30
Azpeitia......	16	10 »»	1 »»	1 »»	9 30	5 30
Cestona......	22	20 »»	2 »»	2 »»	9 30	5 30
Zumaya......	33	33 »»	3 »»	3 »»	9 30	5 30
Oñate........	12	10 »»	1 »»	1 »»	10 30	5 30
Mondragon...	22	16 »»	1 50	1 50	10 30	5 30
Santa-Agueda.	28	25 »»	2 50	2 50	9 30	5 30
Arechavaleta..	24	20 »»	2 50	2 50	10 30	5 30
Ezcoriaza.....	26	20 »»	2 50	2 50	10 30	5 30
Vergara......	12	8 »»	1 »»	1 »»	10 30	5 30
Elorrio.......	24	22 »»	2 »»	2 »»	9 30	5 30
Eibar.......	20	18 »»	1 50	1 50	»	5 30

Todo viajero tendrá derecho al transporte gratuito de 30 kilogramos de equipaje.

En las estaciones de Madrid, Avila, Medina, Valladolid, Palencia, Burgos, Miranda, Vitoria, Alsásua, Beasain, Tolosa, San Sebastian é Yrun, se expenderán billetes para los puntos expresados en el cuadro que precede.

Los precios de los billetes del ferro-carril desde dichos puntos á Zumárraga, son los siguientes :

DE LAS ESTACIONES SIGUIENTES á ZUMARRAGA ó VICE-VERSA	1ra CLASE		2a CLASE		3a CLASE	
	R.	C.	R.	C.	R.	C.
Madrid	279	50	209	75	126	»»
Avila	223	»»	167	25	100	50
Medina	180	»»	135	»»	81	»»
Valladolid	158	50	119	»»	71	50
Palencia	145	50	109	25	65	50
Burgos	98	»»	73	50	44	25
Miranda	53	50	40	25	24	25
Vitoria	37	»»	27	75	16	75
Alsásua	15	50	11	75	7	»»
Beasain	7	»»	5	25	3	25
Tolosa	15	»»	11	25	6	75
San Sebastian	28	»»	21	»»	12	75
Yrun	36	50	27	50	16	50

Los viajeros procedentes de las estaciones mencionadas que se provean de billetes para los puntos servidos por los coches del Sr. Ugalde, tendrán preferencia á los que tomen billetes en Zumárraga.

Los viajeros que utilicen los trenes de recreo que la Compania establezca durante el verano, tendrán derecho á tomar billete de ida y vuelta entre Zumarrága y los puntos mencionados en el primer cuadro con rebaja de una tercera parte en el precio del asiento.

NOTA. — Además de los precios fijados en la presente tarifa para los excesos de equipaje y encargos, se cobrará por cuenta del Gobierno Español el impuesto siguiente :

0 R. 00 cuando la tasa no sea superior á 10 reales.
0 75 cuando las tasas sean de 10 R. 04 á 25 —
1 50 — — 25 04 á 50 —
3 00 — — 50 04 á 100 —
3 00 por cada fraccion indivisible de 100 reales.

CHEMINS DE FER
DU NORD DE L'ESPAGNE.

SERVICE DE RÉEXPÉDITION.

La Compagnie des Chemins de fer du Nord de l'Espagne a établi, sous la direction de M. Marcelino UGALDE, un service de réexpédition entre Zumarraga et les localités ci-après désignées, avec les tarifs et conditions ci-dessous :

DE ZUMARRAGA aux localités ci-après	DISTANCES en kilomètres	PRIX des places.	BAGAGES Excédant de poids par 10 kilogrammes	MESSAGERIES par chaque 10 kil.	DÉPART DE ZUMARRAGA matin	DÉPART DE ZUMARRAGA soir
	K.	R. C.	R. C.	R. C.	heures	heures
Placencia	18	14 » »	1 50	1 50	9 30	5 30
Alzola	28	25 » »	2 50	2 50	9 30	5 30
Deva	38	30 » »	3 50	3 50	9 30	5 30
Motrico	44	35 » »	3 50	3 50	9 30	5 30
Saturraran	46	37 » »	4 » »	4 » »	9 30	5 30
Ondarroa	47	37 » »	4 » »	4 » »	9 30	5 30
Lequeitio	57	46 » »	5 » »	5 » »	10 30	»
Marquina	38	33 » »	3 » »	3 » »	10 30	»
Elgoibar	23	16 » »	1 50	1 50	10 30	5 30
Urberuaga	39	33 » »	3 » »	3 » »	10 30	5 30
Azcoitia	12	8 » »	1 » »	1 » »	9 30	5 30
Azpeitia	16	10 » »	1 » »	1 » »	9 30	5 30
Cestona	22	20 » »	2 » »	2 » »	9 30	5 30
Zumaya	33	33 » »	3 » »	3 » »	9 30	5 30
Oñate	12	10 » »	1 » »	1 » »	10 30	5 30
Mondragon	22	16 » »	1 50	1 50	10 30	5 30
Santa-Agueda	28	25 » »	2 50	2 50	9 30	5 30
Arechavaleta	24	20 » »	2 50	2 50	10 30	5 30
Ezcoriaza	26	20 » »	2 50	2 50	10 30	5 30
Vergara	12	8 » »	1 » »	1 » »	10 30	5 30
Elorrio	24	22 » »	2 » »	2 » »	9 30	5 30
Eibar	20	18 » »	1 50	1 50	»	5 30

Chaque voyageur a droit au transport gratuit de 30 kilogrammes de bagages.

Dans les stations de Madrid, Avila, Medina, Valladolid, Palencia, Burgos, Miranda, Vitoria, Alsásua, Tolosa, Saint-Sébastien et Irun, il se délivrera des billets directs pour les points désignés dans le tableau qui précède.

Les prix des billets du chemin de fer, de ces points à Zumarraga, sont les suivants :

DES STATIONS CI-APRÈS à ZUMARRAGA et VICE-VERSA	1re CLASSE		2e CLASSE		3e CLASSE	
	R.	C.	R.	C.	R.	C.
Madrid	279	50	209	75	126	»»
Avila	223	»»	167	25	100	50
Medina	180	»»	135	»»	81	»»
Valladolid	158	50	119	»»	71	50
Palencia	145	50	109	25	65	50
Burgos	98	»»	73	50	44	25
Miranda	53	50	40	25	24	25
Vitoria	37	»»	27	75	16	75
Alsásua	15	50	11	75	7	»»
Beasain	7	»»	5	25	3	25
Tolosa	15	»»	11	25	6	75
San Sebastian	28	»»	21	»»	12	75
Yrun	36	50	27	50	16	50

Les voyageurs procédant des stations ci-dessus qui auront pris un billet direct pour les points desservis par les voitures de M. Marcelino Ugalde, auront la préférence sur les voyageurs qui n'auront pris leurs billets qu'à Zumarraga.

Les voyageurs des trains de plaisir que la Compagnie organise en été, auront droit à prendre des billets d'aller et retour entre Zumarraga et les points desservis par l'entreprise Ugalde, avec une réduction de un tiers dans le prix de la place.

OBSERVATION. — En sus des prix fixés dans les tarifs pour les excédants de bagages et messageries, il sera perçu pour compte du gouvernement espagnol l'impôt suivant :

0 R. 00 quand l'évaluation ne dépasse pas 10 réaux.
0 75 — sera de 10 R. 04 à 25 —
1 50 — — 25 04 à 50 —
3 00 — — 50 04 à 100 —
3 00 par chaque fraction indivisible de 100 réaux.

BEASAIN.

Une distance de 14 kilomètres sépare Zumarraga de Beasain. La voie ferrée suit toujours la vallée de l'Oria, coudoyant la route nationale, et traverse une série de tunnels, laissant à droite et à gauche de son trajet les pittoresques villages de *Ezquioga, Ichaso* et *Gaviria* pour passer au-dessus de ORMAIZTEGUI, sur un viaduc en fer de cinq travées, reposant sur des colonnes d'une hauteur moyenne de 34 mètres.

Le village de ORMAIZTEGUI s'étend dans une petite plaine au pied du viaduc. Les eaux sulfureuses de son établissement de bains jouissent d'une grande réputation. C'est la patrie du célèbre général carliste D. Tomas de Zumalacarregui, né dans le palais de *Iriarte-Erdicoa,* le 29 décembre 1788, et mort à Cegama, le 24 juin 1835, des suites d'une blessure au genou reçue au siége de Bilbao.

Après avoir dépassé le viaduc d'Ormaiztegui, le chemin de fer pénètre diverses fois encore dans le sein de la montagne et l'on arrive à Beasain, localité peuplée de 1,500 habitants, possédant une importante fonderie de métaux, dirigée par M. Goitia, dans laquelle de nombreux ouvriers sont occupés.

Beasain est reliée par un chemin vicinal à *Segura* et *Cegama,* situés dans la chaîne des Pyrénées. Sur ce chemin s'embranchent diverses voies conduisant à *Mutiloa, Cerain, Olaberria* et *Ydiazabal.*

Un autre chemin relie Beasain à Azpeitia par *Astigarreta, Noarbe* et *Urrestilla.*

En aval, en suivant le cours de l'Oria, se trouve

VILLAFRANCA,

petite ville de 1,200 habitants, située sur la rive gauche de l'Oria, entourée de murailles et flanquée de tours en ruines. Quatre portes permettent son accès. Elle est la patrie de Andres de Urdaneta, célèbre marin du quinzième siècle, qui découvrit la Nouvelle-Guinée.

Villafranca possède quelques belles habitations du seizième siècle, une *Casa consistorial,* un hôpital et les deux palais de Barrenechea et

Zabala. Cette ville fut assiégée et prise par Zumalacarregui, le 2 juin 1835, après la défaite du général Espartero dans le col de Descarga.

Un chemin vicinal relie Villafranca à *Lazcano* et *Ataun*, localités de la rive droite de l'Oria, assises au pied du mont Aralar.

De Villafranca à Tolosa, la voie ferrée passe successivement à *Izasondo* et *Ycazteguieta*, laissant à sa droite *Arama*, *Alzaga*, *Baliarrain*, *Alegria* et *Orendain*, petites bourgades sans importance. Une route conduit de *Alzo* à *Amezqueta*, village situé dans une vallée formée par les déclivités des monts Larrunari et Otsabio.

ITINÉRAIRE

Legazpia. — Oñate. — Mondragon. — Areche-valeta. — Ezcoriaza. — Salinas.

En débouchant de la route de Vergara dans la vallée de Zumarraga et presque en face la station du chemin de fer, s'embranche un chemin qui, remontant le cours de l'Urola et coupant en divers endroits la voie ferrée, conduit au petit bourg de

LEGAZPIA,

situé dans une vallée charmante, au flanc du mont Zatui. Sa population est de 1,200 habitants. Ses maisons sont assez mal bâties, mais cependant l'on remarque entr'elles divers édifices anciens d'une bonne architecture.

L'église paroissiale est de construction ordinaire. Elle possède quelques ornements curieux, entre lesquels on cite une croix en fer, qui fit divers miracles vers la fin du XVIe siècle.

Legazpia est une localité très-ancienne. On croit généralement qu'elle existait avant la venue des Romains en Espagne et que ses forges avaient été exploitées déjà par les Ibères.

Un chemin bien tenu, qui remonte vers le col de Inunciaga et passe au hameau de *Telleriarte*, descend ensuite, après des contours nombreux, dans la vallée formée par le cours de l'Aranzazu, ruisseau tributaire de la Deva.

Après avoir traversé le village de *Olaberria*, on arrive à

OÑATE,

ville importante du district de Vergara. Le premier document historique concernant cette ville date de 1149, époque à laquelle le roi de Navarre, D. Ladron de Guevara, fit don à son fils, D. Vela Ladron, de la terre de *Oniate* avec tous ses monastères et revenus.

D'abord partie intégrante de l'Alava, Oñate entra ensuite dans la confrérie du Guipuzcoa dont elle se sépara vers le milieu du xve siècle. Elle demeura depuis lors indépendante jusqu'en 1845, époque de sa réintégration dans le domaine du Guipuzcoa.

En 1489, un incendie violent détruisit cette ville, qui fut reconstruite dans le courant du seizième siècle. Actuellement, sa population est de 6,000 habitants.

La ville est d'un bel aspect, propre, bien construite, percée de rues spacieuses et bien alignées. Elle a une belle maison de ville, un hôpital civil et un collége ou université libre. Ce collége fut édifié en 1548 par l'architecte français Pierre Picard ; c'est un monument remarquable, digne de l'attention des touristes. Sa façade est fort belle et l'intérieur est aménagé avec beaucoup d'habileté.

L'église paroissiale, dédiée à saint Michel, est assez irrégulière dans sa forme. Elle occupe tout un des côtés de la *Plaza Mayor*.

L'édifice est de style gothique dans son ensemble et ses nefs latérales sont ornées de deux chapelles dans lesquelles reposent D. Rodrigo Mercado, fondateur du collége, et le comte de Oñate. Ces chapelles sont richement décorées et ornées de belles sculptures ; dans celle du comte, l'on conserve une urne gothique en pierre dure, qui n'a d'autre mérite que son antiquité.

Il existe dans Oñate deux couvents de religieuses ; celui dédié à sainte Anne est spacieux, richement édifié ; l'autre, sous le vocable de la Sainte-Trinité, est de style gothique ; il fut fondé par D. Juan Lopez de Lazarraga, trésorier des rois catholiques, en 1509.

L'industrie de Oñate est réduite à une fabrique de papier-carton, à une fonderie et à quelques tanneries.

Oñate a vu naître divers personnages célèbres dans l'histoire espagnole, entr'autres le général carliste Alzaa qui, après avoir pris une part très-active à la guerre civile de 1833 à 1840, refusa le *convenio* de Vergara et passa en France avec la division Alavaise qu'il commandait.

En 1848, Alzaa pénétra en Espagne pour recommencer la lutte ; il forma quelques *guerrillas* et tint la campagne durant un mois environ. Il fut pris dans la montagne de Barrayate et fusillé le lendemain matin à Zaldivia, par ordre du ministère espagnol.

MONDRAGON

est à neuf kilomètres environ de Oñate, sur la route de Madrid, que l'on rejoint au hameau de San Prudencio. C'est une ville de 2,800 habitants, située dans un site enchanteur, entourée de montagnes boisées du plus bel aspect. Certains attribuent la fondation de cette localité au roi D. Sancho Abarca, de Navarre, qui fit construire une forteresse sur le mont Arrazate pour la protéger. Sous le règne de Alphonse-le-Sage, elle prit le nom de *Mont-Dragon*, et obtint divers priviléges et des franchises assez semblables à celles concédées à Vitoria.

Mondragon joua un grand rôle politique dans les questions provinciales basques jusqu'en 1397. Un incendie le détruisit en juin 1448, mais les incendiaires, qui dépendaient du comté de Oñate, furent châtiés par le roi D. Juan II et les dommages furent réparés à leurs dépens.

Le 13 juin 1463, une junte générale fut célébrée dans cette ville pour la modification et reconstitution du *fuero* provincial.

En 1813, le général Foy fut attaqué dans Mondragon par les Anglo-Espagnols. Il fit une résistance héroïque et repoussa tous les assauts tentés par les alliés, leur faisant éprouver de grandes pertes.

L'église paroissiale de Mondragon est placée sous le patronage de saint Jean-Baptiste ; c'est un monument très-ordinaire. La maison de ville et l'hôpital n'ont rien de très-remarquable non plus.

L'ensemble de la ville est fort beau ; les rues sont bien percées et les maisons soigneusement construites.

C'est la patrie du célèbre historien Esteban Garibay y Zamollea, chroniste de Philippe II.

En sortant de Mondragon, un petit chemin conduit au hameau de *Guesalibar*, connu sous le nom de *Santa Agueda* par les propriétés curatives de ses eaux dans les affections de la peau, les rhumatismes et les accidents syphilitiques.

Déjà, au XIVe siècle, les eaux de *Santa Agueda* étaient fort renommées en Espagne.

Un confortable établissement de bains a été construit près de la source thermale.

C'est près de *Santa Agueda* que se trouve la grotte de *San Valerio*, profonde de 180 mètres et d'une largeur moyenne de 25 mètres, semée de stalactites et de stalagmites produisant un aspect magique sous la lueur des torches.

—

ARECHAVALETA

est un petit bourg de 1,700 habitants assis sur le bord de la route de Madrid, au pied de la montagne *Arizmendi.* Son climat est sain et tempéré. Un grand nombre de baigneurs s'y réunit durant l'été.

Arechavaleta possède deux églises paroissiales, N.-D. de l'Assomption et *San Miguel* de Vidareta, cette dernière fort ancienne.

BAINS D'ARECHAVALETA

SITUÉS DANS LE PARC DE OTALORA.

Les sources sulfuro-salines d'Arechavaleta, captées dans le parc de Otalora, sont les seules qui, dans la province du Guipuzcoa, possèdent cette double composition chimique. Elles sont par conséquent précieuses au point de vue des vertus curatives.

Leur débit quotidien est d'environ 25,000 litres.

En outre, comme cela arrive fréquemment près des sources sulfuro-salines, on en trouve d'autres dans Arechavaleta, qui ont de grandes qualités ferrugineuses, ce qui offre une ressource de plus à la science.

Toutes ces ressources naissent dans les terrains crétacés de la vallée de Leniz, lesquels, par leur composition silico-ferrugineuse, sont entièrement dépourvus de restes organiques.

La température moyenne des eaux d'Arechavaleta est de 13° 5', leur densité est de 1,0074824. Incolores et limpides, elles perdent leur odeur au contact prolongé de l'air.

L'analyse qui en a été faite par M. F. Garagarza a révélé la présence de l'hydrogène sulfuré, du chlorure de sodium, du chlorure de magnésie, du sulfure de sodium, etc., etc., dans leur composition.

Quant aux vertus médicinales de ces eaux, elles sont connues depuis un temps immémorial des habitants de la vallée de Leniz, qui en ont fait usage dans bien des cas, obtenant souvent des résultats curatifs extraordinaires, même sans le secours ou les conseils des hommes de l'art.

Les sources du jardin d'Otalora sont d'une richesse peu commune, parce qu'elles sont, pour ainsi dire, la combinaison naturelle d'éléments qu'il est rare de trouver réunis. La soude et la chaux, deux substences qui existent en grande quantité dans l'organisme humain, forment, pour ainsi dire, la base essentielle des eaux d'Otalora. Ces substances font que le soufre est plus assimilable à notre sang et lui donne une fixité que l'on cherche vainement dans les eaux sulfureuses simples.

Le soufre, la chaux, la soude et le fer étant les meilleurs reconstituants que le règne minéral nous fournisse, il est hors de doute que les eaux des bains d'Arechavaleta sont d'une efficacité incomparable dans leurs effets thérapeutiques.

Altérantes, purgatives et diurétiques, ces eaux sont excellentes pour combattre les vices du sang, la scrofule et la syphilis dans leurs manifestations multiples.

Leur usage intelligent en boisson, bains, douches et inhalations, a donné jusqu'à ce jour des résultats vraiment extraordinaires. Les maladies du foie, de la gorge et de la vessie, les affections du tube intestinal, la chlorose, etc., etc., ont été combattues avec un succès constant, même dans des cas désespérés.

L'établissement des bains d'Otalora est situé dans un parc magnifique, sur le bord de la *Deva*, au centre même du bourg d'Arechavaleta.

Il a été édifié avec soin et pourvu de tout le confortable que l'on recherche dans les établissements balnéaires. Les appartements sont spacieux, bien aérés, propres ; le service est fait avec un soin particulier et la table y est surtout recommandable.

Tous les ans, il vient aux bains d'Otalora un grand nombre de familles madrilènes. Malades et bien portants y trouvent une satisfaction qu'on chercherait vainement ailleurs. Le pays est du reste splendide.

La vallée de Leniz, encadrée de hautes montagnes, ressemble à un coin de la Suisse. Les chaleurs ne s'y font pour ainsi dire jamais sentir.

Outre le service ordinaire de voitures établi entre Zumarraga et toutes les localités de la province où ne passe pas la voie ferrée, il existe un service spécial de transports pour les voyageurs entre Vitoria (Alava) et Arechavaleta. Le trajet se fait en deux heures et demie. C'est M. Pallares, maître d'hôtel, qui en est chargé.

La saison balnéaire d'Arechavaleta commence le 1er juin et prend fin vers le 31 octobre.

EZCORIAZA

est située dans une vallée entourée de hautes montagnes admirablement cultivées. Cette localité est peuplée de 2,000 habitants, en comprenant dans ce chiffre les *barrios* de sa juridiction dispersés le long de la route nationale.

Les bains d'Ezcoriaza sont très-renommés.

Dans ses environs se trouve la montagne historique de *Aitzorrotz*, que dominait autrefois un château-fort dont la construction était attribuée aux Romains. On découvrit dans des excavations des ossements humains, des armes, épées et lances, et des monnaies d'or et d'argent frappées à l'effigie de César-Auguste.

SALINAS

est la dernière localité de la province du Guipuzcoa que l'on trouve en suivant la route de Vitoria. Elle se nommait primitivement *Gatzaga* et prit le nom de Salinas lorsque le roi Alphonse XI l'érigea en ville indépendante. Son unique industrie est la fabrication du sel.

FIN DES ITINÉRAIRES.

VOCABULAIRE-MANUEL

FRANCO-CASTILLAN-BASQUE

A

abbé	abate	abadea
abbesse	abadesa	
abeille	abeja	erlea
abondance	abundancia	
abord	acercamiento	acerac
aboyer	ladrar	
abricot	albaricoque	munica
abriter	abrigar	abrigatu
absence	ausencia	
absinthe	ajenjo	
abus	abuso	
accepter	acceptar	ontzat artu
accord	acuerdo	
accouchée	parida	
accoupler	juntar	
accrocher	colgar	
accuser	acusar	acusatu
acharner	encarnizar	
acheter	comprar	erosi
achever	acabar	
acier	acero	altrairua
acquitter	pagar	pagatu
acrobate	volatin	
acteur	actor	

activité	actividad	lasterrera
à Dieu	á Dios	
adjoint	adjunto	
administration	administracion	
admirer	admirar	
admission	admision	
adoptif	adoptivo	
adresse	señas, destreza	
adroit	diestro	trebea
adversaire	adversario	
afficher	fijar carteles	
affirmer	afirmar	
affligé	afligido	naigabetu
affranchir	franquear	
âge	edad	adina
agence	agencia	
agir	obrar	
agneau	cordero	arcumea
aider	ayudar	
aïeul (e)	abuelo (a)	aitona, amona
aigrir	agriar	
aiguille	aguja	jostorratza
aile	ala	egoa
ajouter	añadir	ugaldu
alcool	alcohol	espiritua
amabilité	amabilidad	maitatua
amande	almendra	almendreac
amarrer	amarar	lotu
amitié	amistad	adisquidetasuna
amertume	amargura	
amoureux	amante	amorea
amusant	agredable	
an	año	urtea
anchois	anchoa	bocartac
ancien	anciano	agure zarra
âne	asno	astoa.
ange	angel	aingura
ancre	ancora	
anguille	anguila	ainguirac
antique	antiguo	zarra
août	agosto	abuztua

appartement	habitacion	viciteguiac
après	despues	guero
araignée	araña	armiarma
arbre	arbol	zuhaitzac
arc	arco	arcua
arc-en-ciel	iris	uztarguiac
ardent	ardiente	
ardeur	ardor	
ardoise	pizarra	pizarra
arête	espina	
argent	plata	cillara
argile	arcilla	buztiña
arme	arma	armac
armée	ejercito	ejercitoa
armurier	armero	armaguillea
arrêt	arresto, sentencia	
arrière	atras	atzera
arrivée	llegada	
arroser	regar	erregatu
ascension	ascension	acencio eguna
asile	asilo	
aspect	aspecto	
asperge	esparrago	esparragoac
aspirer	aspirar	
assassin	asesino	
assaut	asalto	
assez	bastante	asquidana
assiéger	sitiar	setiatu
associé	socio	lagun guida
assurer	asegurar	aseguratu
astre	astro	ceru arguiac
atrocité	atrocidad	
attaquer	acometer	
attendre	aguardar	
attentat	atentado	
attente	esperanza	usteac
attraper	cojer	arrapátu
aube	alba	egun sentia
auberge	posada	taberna
aujourd'hui	hoy	
aussi	tambien	

auteur	autor	
autoriser	autorizar	
autour	al rededor	
autrefois	antiguamente	lenago
autrement	de otro modo	
avaler	trajar	tragatu
avancer	adelantar	
avant-hier	ante ayer	erenegun
avantage	ventaja	
avare	avaro	cicoznaita
avec	con	requin
avenir	porvenir	etorquizuna
aventure	aventura	
averse	aguacero	euria
avertir	avisar	gaztigatu
aveu	confesion	confesioa
aveugle	ciego	ichua
avide	goloso	
avis	aviso	avisatu
avocat	abogado	
avoine	avena	
avril	abril	apirilla
axe	eje	
azote	azoe	
azur	azul	urdiña

B

bagage	equipaje	
bague	sortija	errastuna
baigneur	bañador	bustialdia
baignoire	baño	bañua
bal	baile	dantza
balai	escoba	isatza
balance	balanza	banlancea
ballot	fardo	
banc	banco	dirualquia
bandit	bandido	

banque	banco	bancua
barbier	barbero	bizazguillea
barrique	barrica	
basse	bajo	bea
bassin	fuente	iturria
bâton	baston	bastoya
batterie	bateria	
beau	hermoso	
beaucoup	mucho	asco
beau-frère	cuñado	coñadua
beauté	hermosura	
beau-père	suegro	aitaguiarraba
bécasse	becada	
beignet	buñuelo	
bête	bestia	
beton	cimiento	
beurre	manteca	gantza
bientôt	luego	bereala
bijou	joya	
billard	villar	
blanc	blanco	zuria
blanchir	blanquear	
blasphème	blasfemia	arnegatua
blesser	herir	heri
blessure	herida	herida
boire	beber	edan
bois	leña	egurra
boisson	bebida	
boîte	caja	
bon	bueno	ona
bondir	brincar	brincatu
bonne	miñera	aurzaya
bonsoir	buenas tardes	
bord	bordo	
borgne	tuerto	
bouchon	tapon	
boudin	morcilla	odolquia
boue	lodo	
boulanger	panadero	oquiña
bourse	bolsa	polsa
boussole	brujula	itzazorratza

boutique	tienda	denda
bouton	boton	botoya
bœuf	buey	idia
bras	brazo	besoa
brave	bravo	
brebis	oveja	ardia
brides	riendas	bridac
brigand	salteador	
brique	ladrillo	
broc	cantaro	susuilla
broche	asador	burruntzia
brochure	folleto	
bronze	bronce	broncea
brosse	cepillo	escobilla
brouillard	niebla	lañoa
bruit	ruido	otsa
brûler	quemar	erraqui
brun	moreno	beltzachoa
bulletin	boleta	
bureau	escritorio	escritorioa
butin	botin	
buveur	bebedor	edano

C

cabaret	taberna	taberna
cabestan	cabrestan	
cabinet	gabinete	gabinetea
cacheter	sellar	
cadavre	cadaver	
cadeau	regalo	
café	cafe	cafea
cage	jaula	cayola
cahier	cuaderno	laurta
caille	codorniz	galeperra
caisse	arca	
caissier	cajero	cajazaga
calendrier	calendario	

calme	calma	upagnea
camphre	alcanfor	alcanfora
canif	corta-pluma	
canne	baston	escumaquilla
cannelle	canela	canela
canon	cañon	cañoya
cantatrice	cantatriz	
cap	cabo	munoa
capacité	capacidad	gayera
capital (e)	capital	
capote	capa	capa
captif	cautivo	
carabinier	carabinero	
carafe	garrafa	
carême	cuaresma	garisuma
carillon	campanes	esquillac
carotte	zanahoria	acenoria
casser	romper	autzi
cause	hablar	itzeguin
cavalier	ginete	
caveau	boveda	uztaitziña
cigare	cigaro	tabacua
ceinture	cintura	guerria
céleri	apio	
celui	este	au
celle	esta	onec
cent	ciento	ehun
centre	centro	
cercle	circulo	circuloa
cerfeuil	perifolio	
cerise	guinda	guingac
certes	ciertamente	
cerveau	cerebro	burmuña
chacun	cada uno	
chagrin	pesadumbre	
chair	carne	araguia
chaire	púlpito	sermoiteguia
chaise	silla	silla
chambre	cuarto	laurden
chameau	camello	
chancelier	canciller	cancillera

chancre	cancer	miñ-vicia
change	cambio	trucatu
chanson	cancion	cantua
chant	canto	
chanter	cantar	cantatu
chapelier	sombrerero	chapelguillea
chapelle	capilla	
charbon	carbon	icatza
charcutier	tocinero	urdaya
charger	cargar	cargatu
charité	caridad	caridadea
charmant	atractivo	eracardea
chasseur	cazador	cistaria
château	castillo	gastelua
chat	gato	catua
chaud	caliente	berotzua
chaudière	caldero	pertza
chaussettes	calcetines	galcetachoac
chaussure	calzado	
chaux	cal	
chemise	camisa	alcandora
cher	caro	
chercher	buscar	billatu
chérir	amar	maitatu
cheval	caballo	zaldia
chevalier	caballero	jaunchoa
cheveu	cabello	illea
chien	perro	zacurra
chocolat	chocolate	
chou	berza	azac
chrétien	cristiano	cristaua
cidre	sidra	sagardua
ciel	cielo	cerua
cinq	cinco	bost
cinquante	cincuenta	berrogueita amar
cinq cents	quinientos	bosteun
cinquième	quinto	bostgarren
circuit	circuito	bollagira
cire	cera	arguizaguia
ciseaux	tijeras	guraicerac
cité	ciudad	

citoyen	ciudadano	
citron	limon	limoya
citrouille	calabaza	
civilité	cortesia	beguirunea
clarté	claridad	arguiera
clefs	llaves	guiltzac
clergé	clero	
cloche	campana	campayac
chou	clavo	iltzea
coffre	cofre	
coiffeur	peinador	orraciac
collier	collar	lepandea
colombe	paloma	usoa
colonel	coronel	coronela
combat	combate	combatea
commander	mandar	aguindu
commencer	empezar	
comment	como	nola
commerce	comercio	mercata
commune	ayuntamiento	
complot	maquinacion	
comprendre	comprender	aditu
compte	cuenta	contua
comte	conde	condea
concours	concurso	
conduire	conducir	quidandea
confier	confiar	ustaquiña
confiseur	confitero	
connaissance	conocimiento	ezagüera
conseil	consejo	consejua
consolation	consuelo	
contenir	contener	
contre-ordre	contra orden	
contribuable	contribuyente	
coq	gallo	ollara
cordon	cordoncillo	
corps	cuerpo	gorputza
cou	cuello	lepoa
couche	cama	oya
coupable	culpable	erruduna
courage	animo	

courir	correr	corrica-eguin
courtier	corredor	mercazaya
crever	quebrar	quebratu
cri	grito	
crier	gritar	ojueguin
critique	critica	
cruel	cruel	biotzgogorra
cru	crudo	
culte	culto	
curé	cura	animazaya
curieux	curioso	

D

dame	señora	demachoa
danse	danza	dantza
date	data	
dé	dedal	
débat	debate	
déboucher	destapar	tapa quendu
debout	de piés	
débris	destrozo	
débuter	empezar	
décembre	diciembre	abendua
décès	muerte	erriotza
déchirer	desgarrar	urratu
décider	decidir	
décombre	escombros	
décorer	decorar	
découdre	descoser	
découper	cortar	ebaquia
dédain	desdeño	
dedans	dentro	barrendic
défaire	deshacer	
défendre	defender	escudatu
dégrader	degradar	
déjà	ya	
déjeuner	almorzar	gozaldu

délibérer	deliberar	betustetu
délicat	delicado	ajoladuna
déloger	desalojar	
demander	demandar	
démentir	desmentir	
demeure	demora	
demi	medio	erdia
démon	demonio	
dénier	denegar	
dénoncer	denunciar	
denrée	genero	
dents	dientes	ortzac
dépenser	gastar	gastatu
déployer	desplegar	
déposer	deponer	
député	diputado	diputadua
dérober	robar	
déroute	derrota	galtzendea
désagréable	desagradable	
désastre	desastre	
descendre	descender	
désespérer	desesperar	desesperacioa
désigner	designar	
désobéir	desobedecer	desobediarra
désoler	desconsolar	
desserrer	aflojar	
dessous	debajo	azpian
dessus	encima	ganean
destin	destino	
détresse	angustia	
dette	deuda	zorbat
deux	dos	bi
devoir	deber	zor izan
diable	diablo	
dictateur	dictador	dictatua
Dieu	Dios	Jaincoa
différence	diferencia	
difficile	dificil	gaitza
digne	digno	
dimanche	domingo	igandea
dîner	comida	janaria

diriger	dirigir	
discours	discurso	
distance	distancia	
distrait	distraido	
divin	divino	
dix	diez	amar
dixième	decimo	amargarren
docilité	docilidad	docilidadea
docteur	doctor	
doigts	dedos	beatzac
domestique	domestico	
dominer	dominar	
dommage	daño	
don	donativo	
donc	pues	lada
donner	dar	eman
doreur	dorador	urrestaria
dormir	dormir	lo eguin
dos	espalda	sorbalda
douane	aduana	peajelecua
doubler	doblar	plegatu
douleur	dolor	oñacea
doute	duda	duda
douzaine	docena	docena bat
douze	doce	amabi
drap	paño	oyala
drapeau	bandera	bandera
droit	derecho	zucena
drôle	picaro	
du	del	
duc	duque	duquea
duel	desafio	desafiatu
dur	duro	gogorra
durer	durar	
dynastie	dinastia	

E

eau	agua	ura
écaille	concha	mascorra
ecclésiastique	eclesiastico	
échafaud	tablado	
échanger	trocar	trocatu
échapper	escapar	iguseguin
échecs	ajedres	ajedreza
échelle	escala	escallera
échine	espinaso	
échiquier	tablero	
écho	eco	
éclair	relámpago	chimista
éclairer	aclarar	
éclipse	eclipse	arguiguec
école	escuela	escola
écoliers	estudiantes	estudauntuac
économie	economia	onzurtea
écorcher	desollar	
écosser	desvainar	
écouter	escuchar	
écrire	escribir	izcribatu
écrit	escrito	
écriteau	rotulo	
écu	escudo	amar errealecua
écume	espuma	espuma
édifice	edificio	
éducation	educacion	aciera
effet	efecto	
effort	ezfuerzo	
effroyable	horrible	
égal	igual	igoala
égalité	igualdad	igualtasuna
égard	respecto	
église	iglesia	eliza
égorger	degollar	
égratigner	arañar	
élastique	elastico	elasticoa

électeur	elector	
élégance	elegancia	
éléfant	elefante	elefantea
élève	discipulo	icazlea
elle	ella	
éloge	elogio	
éloquence	elocuencia	
émail	esmalte	
embarquer	embarcar	embarcateguia
embrasser	abrazar	abrazatu
émigrer	emigrar	
éminent	eminente	
empêcher	empedir	
empire	imperio	imperioa
emplir	llenar	bete
employer	emplear	empleatu
empoisonner	envenenar	pozoituera
emporter	llevar	
encens	incienso	incensoa
encrier	tintero	tinteroa
endormir	endormecer	
énergie	energia	
enfant	niño	aura
enfer	infierno	
enflammer	inflamar	inflamacioa
enfler	inchar	
engager	empeñar	empeñatu
engelures	sabañones	ospelac
engraisser	engordar	guciendu
enjeu	apuesta	
enlacer	enlazar	
enlever	alzar	alzatu
énoncer	enunciar	
ensorceler	hechizar	
entendre	entender	aditu
entendu	entendido	adimentua
enterreur	enterrador	enterradorea
entier	entero	
entièrement	enteremente	
entrée	entrada	sartua
entreprendre	emprender	

entrer	entrar	zartu
entresol	entresuelo	solaiduartea
entrevue	entrevista	
enveloppe	sobre	gañean
envie	envidia	becaitza
épaisseur	espesor	loditasuna
épargne	ahorro	
épine	espina	
éponge	esponja	arroquia
épousée	novia	
épreuve	prueba	
équité	equidad	
erreur	error	
escalier	escalera	escallera
escorte	escolta	
escroc	estafador	
espion	espia	
esprit	espiritu	espiritua
estimer	estimar	
estomac	estomago	estomagoa
étage	piso	solaidua
état-major	plana mayor	
été	verano	uda
éternel	eterno	
éther	eter	
étouffer	ahogar	
étourdi	desatinado	
étrange	extraño	
étranger	estranjero	
être	ser	
étroit	estrecho	estua
étudier	estudiar	estudiantu
éveiller	despertar	ernatu
éventail	abanico	abanicua
évêque	obispo	obispoa
exact	exacto	
excepter	exceptuar	
excès	exceso	
excommunier	excomulgar	
excursion	excursion	
excuse	excusa	

exécuter	ejecutar	
exiger	exijir	
exiler	desterrar	desterratu
exister	existir	
expérience	experiencia	
exploiter	explotar	
exposer	exponer	
exprimer	exprimir	
extérieur	exterior	
extraire	extraer	
extrême	extremo	
extrémité	extremitad	

F

fable	fabula	
fabricant	fabricante	
facile	facil	erraza
façon	modo	
facteur	cartero	carteroa
factieux	faccioso	
facture	factura	
faible	debil	erbola
faïence	loza	
faim	hambre	gosea
faire	hacer	eguin
fait	hecho	eguiña
fameux	famoso	
famille	familia	echadia
fantaisie	fantasia	
fatigue	fatiga	nequea
faute	culpa	
faux	falso	falsoa
féminin	feminino	
femme	mujer	andrea
fenêtres	ventanas	leyoac
fer	hierro	burnia
fermer	cerrar	ichi
fête	fiesta	

feu	fuego	sua
fièvre	calentura	berotasuna
fille	hija	alaba
fin	fino	mea
flambeau	candelario	candeleroa
foi	fe	fedea
folie	locura	erotasuna
force	fuerza	indarra
fort	fuerte	indartzua
foudre	rayo	oñaztarra
fouet	latigo	latigoa
fouiller	buscar	billatu
fourchette	tenedor	tenedorea
fourneau	hormilla	labechoa
frais	fresco	otza
frapper	herir	heritu
frère	hermano	anaya
froid	frio	otzana
front	frente	becoquia

G

gagner	ganar	irabaci
gai	alegre	pozduna
gants	guantes	guanteac
gare	estacion	estacioa
garnison	guarnicion	guarnicioa
génie	genio	otorquia
geôlier	carcelero	carcelazaya
géométrie	geometria	neurtaquinda
glace	espejo	ispillua
gomme	goma	licurta
gourmand	goloso	tripontzia
grand	grande	andia
graver	grabar	grabatu
griffer	agarrar	eldu
grille	red	sarea
gris	pardo	nabarra
gros	grueso	lodia

H

habileté	habilidad	gaiguera
habit	vestido	soñecoa
habitation	habitacione	vicitzac
haleine	aliento	asnasea
halle	mercado	azoquia
hameçon	anzuelo	amua
haut	alto	goratua
hauteur	altura	alturua
herbe	yerba	bellarra
héritage	herencia	primeza
heure	hora	ordua
heureux	dichoso	dichosoa
hier	ayer	atzo
hiver	invierno	negua
homme	hombre	guizona
honneur	honor	onorea
honte	verguenza	lotza
hôpital	hospital	hospitala
horloger	relojero	erlojuguilla
hôtel	fonda	ostatua
huile	aceite	olioa
huit	ocho	zortzi
humide	humedo	bustia
hypocrite	hipocrita	hipocrita

I

idée	idea	irudidea
ignorant	ignorante	cejaquiña
imaginer	imaginar	irudìtu
imprimeur	impresor	moldizcario
imprudent	imprudente	zoguieza
incendie	incendio	sualdi
indigo	añil	belarurdiña
ingrat	ingrato	ezquergabea
innocent	inocente	gaizgabea
insulter	insultar	insultatu

intelligence	inteligencia	adiera
intenter	intentar	intentatu
intéressé	interesado	interesatua
inventer	inventar	sotarquitu
irriter	irritar	narricatu
issue	salida	intera

J

jaloux	celoso	celotzua
jamais	nunca	iñoitz
jambe	pierna	anca
jambon	jamon	urdaiazpia
janvier	enero	illbeltza
jardinier	hortelano	baratzazaya
jaune	amarillo	oria
jeudi	jueves	osteguna
jeu	juego	jocua
jeunesse	juventud	gaztetazuna
joie	gozo	
joli	lindo	lindua
jouer	jugar	jocatu
jour	dia	eguna
journal	diario	diarioa
juge	juez	ecadoya
juif	judio	judua
juillet	julio	uzta
juin	junio	garagarilla
jurer	jurar	juramentu eguin

L

lâche	cobarde	beldurtia
laid	feo	itsusia
lait	leche	esnea
laitue	lechuga	urraza
lame	hoja	latorria
lampe	lampara	argui ontzi

lance	lanza	lanza
langue	lengua	mingaña
lapin	conejo	unchia
large	ancho	zabala
larmes	lagrimas	malcoac
laver	lavar	garbitu
leçon	leccion	iracurtza
lèvre	labio	ezpaña
libéral	liberal	onguillea
liberté	libertad	libertadea
liége	corcho	corchua
lieue	legua	legoa
lièvre	liebre	erbia
lime	lima	lima
lire	leer	iracurri
lit	cama	oya
litre	litro	litro
livre	libro	liburua
logis	casa	echea
loin	lejos	urruti
long	largo	lucea
louer	alquilar	
lundi	lunes	astelena
lune	luna	illarguia

M

maçon	albañil	igueltzeroa
madame	señora	andria
mai	mayo	mayatza
maigre	flaco	argala
main	mano	escua
maintenant	ahora	orañ
maison	casa	echea
mal	mal	gaizqui
malheureux	desgraciado	doacabea
malice	malicia	gaitzoa
manches	mangas	maucac
manger	comer	jan
manquer	faltar	utzeguin

marchand	mercader	tratalaria
marché	mercado	feria
mardi	martes	asteartea
mariage	casamiento	escondu
mauvais	malo	gaiztoa
médecin	medico	medicua
melon	melon	meloya
mensonge	mentira	guesurra
menteur	mentiroso	guesurtia
mer	mar	ichasoa
mère	madre	ama
midi	medio dia	eguerdia
mien	mio	nerea
mieux	mejor	obeto
mille	mil	milla
modèle	modelo	model
moindre	menor	humenecoa
moineau	gorrion	gurrigoya
mois	mes	illa
moitié	mitad	erdia
montagnes	montaña	montañac
mort	muerte	erriotzea
mot	palabra	hitza
mouche	mosca	eulia
mouton	carnero	aria
musique	musica	musica

N

nager	nadar	igueri eguin
naître	nacer	jayo
nappe	mantel	mantela
naturel	naturaleza	iceta
neant	nada	ecerez
nécessité	necesidad	premio
négociant	comerciante	mercataria
neige	nieve	elurra
net	limpio	garbia
neuf	nueve	bederatzi
nez	nariz	zudurra

noir	negro	beltza
noix	nueces	ichaurrac
nombre	numero	numero
non	no	ez
nord	norte	ifarraldea
notaire	notario	notario
nous	nosotros	guc
nuage	nubes	odeyac
nuit	noche	arratza

O

obéir	obedecer	obedita
octobre	octubre	urrea
odeur	olor	usai eguin
odieux	odioso	gorrotoa
œil (yeux)	ojos	beguiac
officier	oficial	oficialea
oiseaux	pajaros	choriac
ombre	sombra	itzala
once	onza	onza
oncle	tio	osaba
ongles	uñas	azcazalac
onze	once	aimaica
or	oro	urea
oreilles	orejas	bellariac
orgue	organo	organoa
orgueil	orgullo	urguleria
os	hueso	ezurra
où ?	donde	nun
ouest	oeste	sortaldea
ouragan	huracan	aicebololada
ouverture	apertura	iriqui

P

pain	pan	oguia
paire	par	pare
palais	palacio	echandia

pape	papa	aita saindua
papier	papel	papela
papillon	mariposa	micheleta
pâques	pascua	pazcoa
pardonner	perdonar	barcatu
parler	hablar	hitzeguin
paroissien	paroquiano	beceroa
parrain	padrino	aita pontecoa
passage	pasage	igaroa
passion	pasion	pasioa
patience	paciencia	paciencia
paume	pelota	pelota
pavé	empedrado	artalia
payer	pagar	pagatu
peau	cuero	narrua
pêcheur	pescador	arranzalea
peintre	pintor	pintorea
pensée	pensamiento	pensamentua
perdre	perder	galdu
périr	perecer	hill
perruquier	peluquero	pelucaguillea
pied	pié	oña
pierres	piedras	arriac
plainte	queja	queja
plaire	placer	atzeguiña
plat	plato	platera
plâtre	yeso	igueltsoa
plein	lleno	betea
pleurs	lagrimas	malcoac
plomb	plomo	plomoa
pluie	lluvia	euria
plume	pluma	pluma
plus	mas	gueyago
plusieurs	muchos	asco
poing	puño	ucabilla
point	punto	puntua
poire	pera	udarea
poitrine	pecho	bularra
poivre	pimienta	piperra
pommade	pomada	pomada
pomme	manzana	sagarra

pompe	bomba	supompa
pont	puente	zubia
porc	puerco	cerria
porte	puerta	atea
port	puerte	ichas portua
poudre	polvora	polvora
premier	primero	lenago
préparer	preparar	preparatu
près	cerca	urrean
présente	presente	aroñgoa
presque	casi	
prêtre	sacerdote	apaisa
principal	principal	
procès	pleito	
prochain	proximo	
projet	proyecto	
promenade	paseo	pasea lecua
prune	ciruela	arana
puits	pozo	putzua
punaise	chinche	
pur	puro	

Q

quai	muelle	molla
quantité	cantidad	cembatea
quarante	cuarenta	berroguei
quart	cuarto	laurden
quatorze	catorce	amalau
quatre	cuatro	lau
quatre-vingts	ochenta	laroguei
quatre-ving-dix	noventa	larogueita amar
quelques	algunos	norbait
querelle	contienda	asseretu
question	cuestion	
queue	rabo	bustana
qui	quien	ceñ
quittance	recibo	errecibo
quoi ?	que ?	cer ?
quoique	aunque	baña

R

race	raza	
racine	raiz	
radis	rabano	
rage	rabia	arrabia
raie	raya	
raisin	uva	matsa
raison	razon	arrazoya
rang	fila	
rare	raro	
rat	raton	sagua
rayon	radio	
recevoir	recibir	errecibitu
recherche	perquisa	
récit	relacion	
réclamer	reclamar	
recours	recurso	
refuser	rehusar	
regagner	recuperar	
regarder	mirar	beguiratu
rembourser	reembolsar	
rendre	restituir	
rente	venta	errenta
répéter	repitir	
réponse	repuesta	
repos	descanso	atseden
réserve	reserva	
résolu	resuelto	
respect	respeto	
ressort	muello	
reste	resto	
retraite	retirada	erretirada
rêver	soñar	ametzeguin
richesse	riqueza	aberastasuna
rire	reir	farreguin
roi	rey	erreguea
rose	rosa	arrosa

rossignol	ruiseñor	errichinoleta
rôti	asado	errea
roue	rueda	
rouge	incarnado	
route	via	bidea
rue	calle	calea

S

sable	arena	ondarra
sabre	sable	euslea
sage	sabio	jaquintzua
saigner	sangrar	sangratu
sain	sano	osasunduna
salade	ensalada	ensalada
sale	sucio	ciquiña
sang	sangre	odola
saumon	salmon	isoquia
sauter	saltar	salto eguin
sauver	salvar	
scie	sierra	cerra
second	segundo	bigarren
secours	socorro	
séduire	seducir	
seize	diez y seis	amasei
semaine	semana	astea
sens	sentido	
septembre	setiembre	agorra
sérieux	serio	
serment	juramento	juramentua
servir	servir	servitu
seul	solo	soloa
siége	silla	silla
six	seis	sei
société	sociedad	lagunquida
sœur	hermana	arreba
soie	seda	seda
soixante	sesenta	iruroguei

soldat	soldado	soldadua
sommeil	sueño	
sortie	salida	irten
souffrir	sufrir	sufritu
soulier	zapato	zapatac
soupir	suspiro	cispurutu
souvenir	recuerdo	
sucre	azucar	azucrea
suif	cebo	bazco
sûr	seguro	
surtout	sobretodo	maiganquia
surveiller	vigilar	

T

tabac	tabaco	tabaco
table	mesa	maya
tableau	cuadro	cuadradua
tambour	tambor	atabala
tante	tia	iceba
tapis	alfombra	oñazpicoa
tarif	tarifa	
tasse	taza	taza
temps	tiempo	
tendre	tierno	
tenir	tener	izan
terre	tierra	lurra
tête	cabeza	burua
timbre	sello	
tirer	tirar	
tour	torre	
tout	todo	
train	tren	
traite	letra	
treize	trece	amairu
trois	tres	iru
trou	agujero	
troupe	tropa	

U

un	uno	bat
uni	unido	
usage	uso	
utile	util	

V

vache	vaca	beya
vagabond	vagabundo	
vague	ola	
vaincre	vencer	vencitu
valeur	valor	valorea
vapeur	vapor	vaporea
variété	variedad	
veau	ternero	chala
vendre	vender	saldu
venger	vengar	vengatu
venir	venir	etorri
vent	viento	aicea
vérité	verdad	eguia
verre	vidrio	vidrioa
vert	verde	verdea
vertu	virtud	virtutea
vêtement	vestido	soñecoa
victime	victima	
vide	vacio	ustua
vieux	viejo	zarra
vif	vivo	
vilain	feo	itsusia
vin	vino	ardoa
vinaigre	vinagre	vinagrea
vingt	veinte	oguei
vite	pronto	laster
voir	ver	icusi

voiture	coche	cochea
voix	voz	voza
vol	robo	
voleur	ladron	lapurra
voyage	viaje	vidaja
vrai	verdadero	eguiazcoa
vue	vista	icusguiña

Y

yacht	yate	
yeux	ojos	beguiac

Z

zèle	zelo	
zinc	zinc	zinc
zône	zona	bosquia

TABLE DES MATIÈRES.

Résumé historique et préliminaire.

ITINÉRAIRES.

Bayonne. — Imprimerie A. LAMAIGNÈRE.

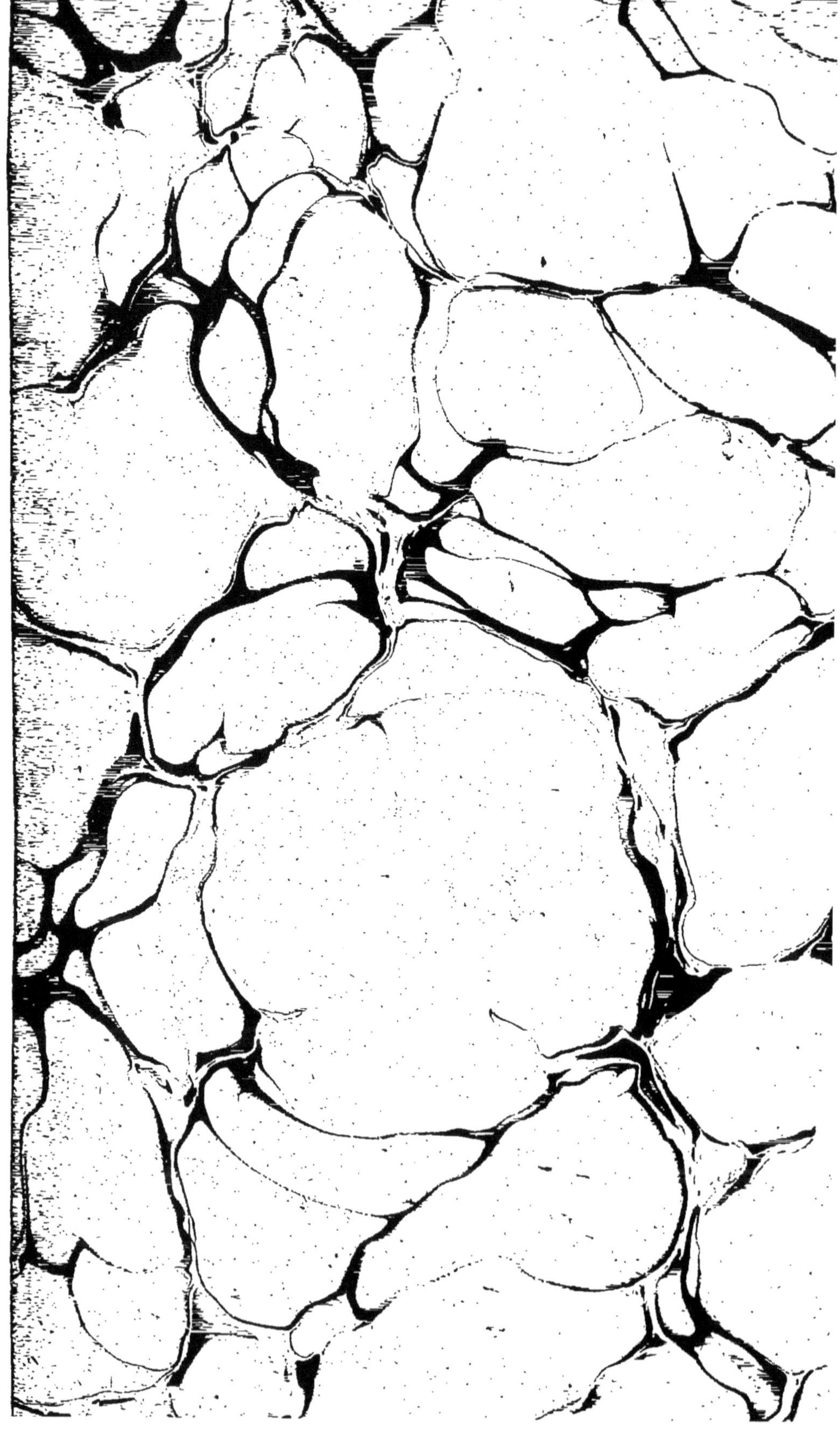

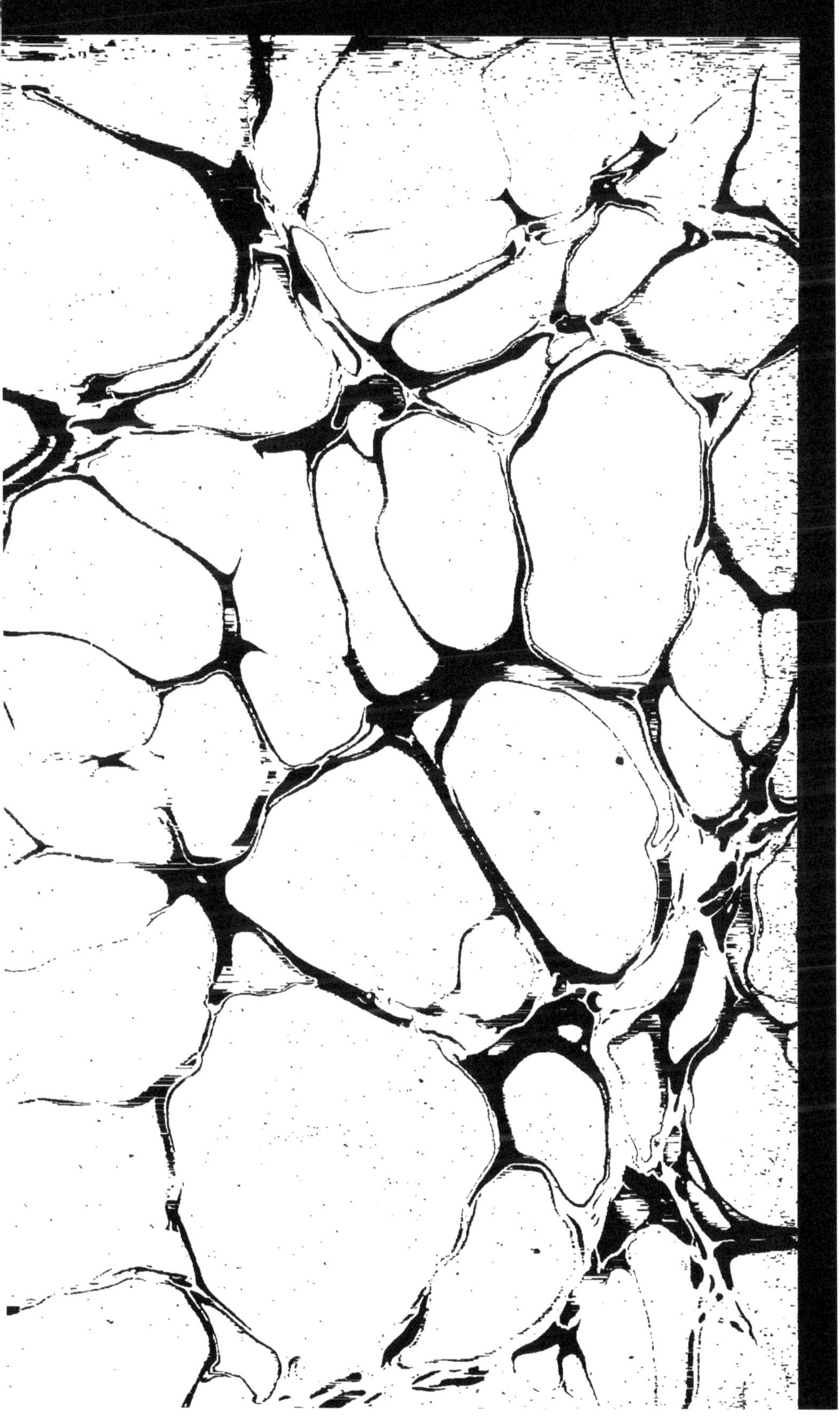

BIBLIOTHEQUE NATIONALE DE FRANCE
3 7502 04222401 6

www.ingramcontent.com/pod-product-compliance
Ingram Content Group UK Ltd.
Pitfield, Milton Keynes, MK11 3LW, UK
UKHW020440200726
13857UKWH00002B/506